AF449875

Collana Saggistica
Il mago Bianco
di Giuseppe Gangi
Prima ristampa: luglio 2023
© *2023*, Edizioni Clandestine

Edizioni Clandestine
Via Fabio Filzi, 3
Cinisello B. Milano 20092
340.9481047
www.edizioniclandestine.com

Edizioni Clandestine è un marchio di proprietà del Gruppo Editoriale Santelli
www.grupposantelli.it

Giuseppe Gangi

IL MAGO BIANCO

Breviario di influenza positiva

La grandezza di un uomo non sta in quanta ricchezza riesce ad acquistare, ma nella sua integrità e nella sua capacità di influenzare positivamente chi gli sta intorno

Bob Marley)

*A Maria Teresa
e a mia sorella Grazia*

Prefazione

Nella mia veste di studioso ormai datato di magnetismo umano, ritengo che la *magia bianca* possa essere definita come capacità (o abilità) potenziale di influenza positiva attraverso l'utilizzo mirato dell'energia mentale. Va da sé che, con questa definizione, viene notevolmente ridotto il valore dei contorni scenografici e di gran parte della ritualistica di cui si fregiano i maghi professionisti, i quali, consciamente o inconsciamente, perlopiù affidano i risultati delle loro operazioni alla pratica antica della suggestione psicologica. Va da sé, anche, che l'unica forza capace di modificare positivamente il piano fisico e il piano astrale (o psichico) non può che appartenere al piano mentale, stante l'assioma ermetico che il piano superiore controlla e domina il piano inferiore (o i piani inferiori). A differenza di tutti gli altri esseri viventi (piante e animali), l'essere umano possiede l'anima razionale o intellettiva (nei termini aristotelici), la quale, non solo assolve alle funzioni proprie dell'anima vegetativa (presente nelle piante) e dell'anima sensitiva (presente negli animali), ma svolge l'attività di pensiero e di volontà, che costituisce la connotazione precipua dell'entità "uomo".

Come si rileva da più parti, la scienza ufficiale non accorda il giusto valore al pensiero, e soprattutto non riconosce che l'attività mentale costituisce un campo energetico suscettibile di interagire con la realtà secondo modalità diverse. Al contempo, però, il mondo scientifico registra che i pensieri e le emozioni producono effetti chimici ed elettromagnetici, che possono influire sulla realtà. In particolare, la Fisica quantistica, anche sulla base di recenti sperimentazioni, ha dimostrato che l'uomo è energia, e come tale esercita la sua influenza su tutto ciò che appartiene alla sua realtà, sia interna che esterna. Ne emerge, sul piano scientifico, che a livello di energia tutto è collegato, e che la stessa coscienza non è altro che energia che interagisce con la realtà. Ciò implica che la stessa esistenza umana è frutto di quanto l'individuo sceglie di "attivare" attraverso i suoi pensieri e le sue convinzioni. La coscienza di poter essere attivi nel determinare gli eventi della propria esistenza potrebbe, almeno a livello di ipotesi, contribuire a cambiare la realtà umana, sottraendola a chi approfitta del potere che detiene per manipolare le "masse", convincendole dell'impossibilità di mutare gli eventi e di dovere accettare fatalisticamente qualunque fatto storico sia in campo politico che in campo economico.

In conformità con quanto sostenuto dai Maestri fin dalla più remota antichità, ne consegue che noi siamo ciò che "crediamo" di essere, e che abbiamo il "potere" che crediamo di avere, sulla base delle informazioni che riceviamo dall'esterno. Di fatto, siamo degli esseri costituiti da processi fisiologici governati da potenzialità chimiche, elettromagnetiche e quantiche. Il nostro organismo è complesso e interagisce con la realtà in modo altrettanto complesso, generando effetti di varia natura. Ne segue che noi esistiamo su diversi tipi di frequenza, alcuni dei quali non ci trovano consapevoli, e dunque agiscono su di noi senza che noi attiviamo risposte adeguate. Se, ad esempio, crediamo di dover essere sopraffatti dalla realtà esterna, in quanto vittime impotenti, le nostre potenzialità non si attiveranno e noi soccomberemo, rafforzando ulteriormente la nostra convinzione di impotenza. La Fisica quantistica, individuando proprietà della materia che sfuggono al determinismo scientifico, ha fatto emergere l'idea che forse non siamo così impotenti verso la realtà come crediamo, e che è possibile elevare le nostre frequenze credendo in noi stessi come esseri "globali", in grado di agire su diversi livelli di realtà e di produrre effetti sulla materia. Così Bruce Lipton, mentre proclama che "la parte più potente di noi risiede nella nostra mente", accoglie l'idea della nuova Fisica che noi esseri umani siamo delle onde di energia che interagiscono le une sulle altre.

Se usciamo dal mondo scientifico rigorosamente inteso e ci affidiamo al mondo esoterico, così come si è svolto nel corso della storia, tanto in Occidente che in Oriente, il concetto primo su cui tutti i saggi concordano è che il pensiero è l'unica forza creatrice della natura e, per quanto ci riguarda da vicino, l'unico elemento attraverso cui formiamo, costruiamo la nostra personalità, l'unico strumento che permette l'avvio di ogni itinerario evolutivo. In altri termini, noi siamo ciò che il nostro pensiero ci ha fatti e diveniamo ciò che il nostro pensiero ci farà. Il pensiero è la legge inderogabile, dalla cui osservanza deriva per l'individuo umano la possibilità di raggiungere la piena padronanza di sé e uno stato soddisfacente di benessere e di felicità personale.

L'esperienza di tutti i giorni ci attesta che noi agiamo gli uni sugli altri, che costantemente esercitiamo e subiamo *influenze*, e questo non solo a distanza ravvicinata, ma anche a considerevoli distanze spaziali. Tanto sul piano fisico, quanto su quello psichico, il più forte esercita il proprio ascendente sul più debole, il quale, non raramente, è felice di sentirsi protetto.

Per i Maestri di qualunque latitudine, il pensiero non solo è una forza reale, ma è anche la più potente che noi abbiamo a disposizione. Nella visione dei Maestri è il pensiero che ci dà la bellezza o la bruttezza, il fascino o la sgradevolezza, giacché noi tutti ci innalziamo o ci abbassiamo al suo livello. È il pensiero che regola la nostra condotta, che rende sicuri i nostri passi, che plasma la nostra espressione, che contrassegna i tratti del nostro carattere. Non è sempre necessario comunicare a parole per essere compagni gradevoli; ai nostri prossimi ci renderemo ugualmente attraenti, amabili, dilettevoli, semplicemente attraverso la gradevolezza dei nostri pensieri. Ne deriva l'assioma che il *magnetismo* di una persona è il suo pensiero, e il *nostro* potere magnetico non è che il *nostro* pensiero percepito dagli altri. Se i nostri pensieri sono pensieri di debolezza, di tristezza, di gelosia, di invidia, veniamo rifiutati, respinti, emarginati; se, al contrario, sono pensieri di forza, di gaiezza, di generosità, di disponibilità, la nostra compagnia non è solo gradita, ma ricercata, desiderata. Il nostro prestigio nella società dipende più da quello che pensiamo che da quello che diciamo. Se i nostri pensieri sono puri, luminosi, permeati di fiducia, di serenità, di equilibrio, rappresentano un valore dovunque andiamo o ci troviamo. Siamo accolti sempre con gioia e calore, giacché con noi portiamo il fascino, la forza, il coraggio; la sola vicinanza fisica è fonte di salute, di sicurezza, di letizia.

Vi sono persone particolarmente dotate che ottengono tutto ciò che desiderano mediante la comunicazione mentale, mentre si trovano a disagio e incontrano notevoli difficoltà a vedere soddisfatte le loro richieste verbali. Con la diffusione delle conversazioni telefoniche alcuni individui raggiungono più facilmente accordi e intese attraverso le parole a distanza che non attraverso incontri ravvicinati in ufficio o nelle sedi ufficiali; troviamo la spiegazione nel fatto che, nella comunicazione telefonica, alla suggestione verbale si accompagna in maniera preponderante la suggestione mentale, con la possibilità che la vibrazione fonetica giunga al destinatario sulle ali di un'intensa proiezione mentale fortemente mirata e canalizzata. Una signora di mia conoscenza, buona e gentile come nessuno, vive una situazione di disagio e di disarmonia con il marito, giacché ottiene spontaneamente da lui qualunque cosa le passi per la mente, dal vestito al soprabito, al gioiello, mentre incontra sgarbate resistenze e rifiuti categorici allorché avanza le sue richieste a tu per tu, in una conversazione ordinaria. È il classico caso in cui funziona meravigliosamente bene la suggestione mentale, mentre fa completamente cilecca la comunicazione orale. Sul piano pratico, ne consegue che, quando si è raggiunta una certa abilità nell'utilizzo della suggestione mentale, non è più necessario far ricorso alla suggestione verbale. Si può provare a saggiare il livello del proprio potere di influenza mentale al ristorante, ordinando mentalmente al cameriere taluni piatti, anche non compresi nel menu, o in un negozio di salumeria, facendosi servire dal commesso una determinata qualità e quantità di prosciutto.

Ma qui, oltre al pensiero, entra in gioco la volontà, la forza volitiva. Allorché si vuole dare una definizione del termine volontà, la difficoltà maggiore è quella di individuarne il corrispondente oggettivo, se in termini di attività, di espressione, di manifestazione funzionale, o di forza reale specifica con una propria autonomia ontologica. Per deformazione professionale, ritengo opportuno scomodare al riguardo la definizione che ne danno tre grandi maestri del pensiero occidentale: Spinoza, Hegel, Schopenhauer. Per il primo, la volontà e l'intelletto sono un'unica e medesima cosa (*voluntas et intellectus unum et idem sunt*). Per il secondo, la volontà è l'impulso del pensiero a darsi un'esistenza. Per il terzo, la volontà individuale, espressione particolare dell'unica Volontà Universale, si identifica con la stessa volontà di vivere, con "un'interna brama di essere e di agire"; e l'uomo, attraverso la riflessione (o il pensiero), è in grado di riconoscere quella medesima volontà che avverte in sé non soltanto nei fenomeni a lui simili, ma anche in quelle manifestazioni che, come la natura inorganica, gli appaiono tanto diverse e lontane. Dalle tre definizioni, la volontà, anche nella veste di forza o di impulso interno, si trova in stretto rapporto di dipendenza, se non di totale identità, con il pensiero. In termini filosofici, si potrebbe parlare della volontà come *forma* del pensiero, e del pensiero come *contenuto* della volontà; con il conseguente corollario che, senza il contenuto "pensiero", la volontà sarebbe aspirazione vacua, puro trastullo mentale, e che, senza la forma "volontà", il pensiero resterebbe potenzialità inerte, statica, priva di vita. In termini pratici, ne segue che la volontà è da concepire come forza motrice, come attività propulsiva rispetto al pensiero, che possiamo immaginare come una sorta di centrale energetica che necessita, per il suo funzionamento, di essere sollecitata e costantemente alimentata. Ne deriva l'importante appendice che l'educazione del pensiero e l'esercizio della volontà sono fattori essenziali per un utilizzo consapevole e mirato del proprio potenziale magnetico. Ma, per coltivare questa educazione e condurre questo esercizio, occorre *saper* pensare e *saper* volere; e, nella generalità dei casi, per sapere bisogna *imparare*.

Di qui la necessità, per chi volesse intraprendere la strada della magia bianca, di impegnarsi in esercizi di potenziamento della capacità di pensiero e dell'attività volitiva, seguendo tecniche ormai sperimentate, sia attingendo all'inesauribile forziere dello Yoga, sia scomodando i processi psicologici e mentali proposti dalla scienza positiva. Alle esercitazioni di potenziamento si dovrà accompagnare un'azione mirata di riequilibrio energetico, finalizzata a un armonico funzionamento dei chakra, unitamente ad un lavoro di regolarizzazione dell'attività respiratoria e del delicato congegno del metabolismo alimentare. Risulta del tutto evidente il presupposto etico della limpidezza dei fini e dell'esclusiva vocazione al bene.

Capitolo I

LA MAGIA BIANCA NELLA STORIA

ANTICHITÀ E MEDIOEVO

Da una riflessione ordinaria sul fenomeno della *magia bianca*, si può legittimamente ipotizzare che essa abbia fatto la sua prima apparizione in età preistorica, allorché le mamme, già compagne dell'*homo sapiens*, ricorrevano alla trasmissione della propria energia vitale per lenire le sofferenze dei propri piccoli, per cicatrizzare con il semplice contatto ferite di lieve entità o alleviare a suon di tenerezze malesseri e disturbi legati alla prima infanzia. Oggi, come allora, quando un bambino si fa male, il suo gesto più naturale è quello di rifugiarsi tra le braccia della madre, la cui sola vicinanza produce nell'immediato la cessazione del pianto.

Nel corso dei millenni l'uomo prende progressivamente coscienza delle proprie potenzialità magnetiche, e gli individui energicamente più forti si affermano sui loro simili, divenendo ad un tempo sacerdoti e terapeuti, trasmettendosi di generazione in generazione, da bocca ad orecchio, tecniche di proiezione mentale sempre più elaborate e perfezionate. In ambito etnologico si sono registrate di recente situazioni analoghe presso talune tribù dell'Africa equatoriale e dell'Amazzonia brasiliana, dove la figura dello sciamano gode degli stessi onori che venivano tributati un tempo ai sacerdoti dell'antico Egitto o ai magi della Caldea.

Lo studioso di magnetismo umano Paul Jagot si dichiara fermamente convinto che ciò che noi chiamiamo *magnetismo, ipnosi, suggestione, telepsichismo* costituiva la parte sperimentale della scienza segreta che, alcune migliaia di anni fa, in India, in Caldea, in Egitto era riservata ad una cerchia ristretta di *iniziati*, che riunivano nelle loro mani le funzioni di sacerdote, di magistrato, di terapeuta. Senza soluzione di continuità gli iniziati dell'antichità si trasmettevano il segreto dei loro poteri, elevando la scienza del magnetismo così in alto, che a tutt'oggi si è molto lontani dal raggiungerla. Le loro capacità andavano ben oltre il potere di guarigione, in quanto comprendevano la lettura dei pensieri con il semplice sguardo, la percezione di eventi in località lontane, l'azione a distanza con la concentrazione mentale. È ormai certo che i magi caldei erano in possesso del fuoco cosmico e che sapevano produrre fenomeni elettrici facendo ricorso a forze occulte.

Le prime tracce storiche di trattamento magnetico (o magia bianca) sono da ricercarsi nell'antico Egitto, dove la pratica magnetica è largamente testimoniata da incisioni, sculture, documenti scritti. La testimonianza più celebre è quell'incisione dello *Zodiaco di Dendera* (oggi conservata a Parigi al Museo del Louvre), che rappresenta la dea Iside mentre impone le mani sulla testa di suo figlio Horus. Secondo la comune interpretazione, Iside impone le mani su Horus non tanto per curarlo quanto per trasmettergli i suoi poteri. Al di là del documento di Dendera, abbiamo l'autorità di Diodoro Siculo, contemporaneo di Cesare e di Augusto, il quale, sulla base della sua profonda conoscenza dei Misteri di Iside, sostiene con cognizione di causa che la pratica magnetica era di casa nel tempio di Iside a Menfi.

In un passo di Diodoro si legge: "I sacerdoti egizi asseriscono che Iside, dall'alto della sua immortalità, si compiace di indicare agli uomini, durante il sonno, i mezzi di guarigione. Ella suggerisce ai sofferenti i rimedi adatti ai loro mali; la fedele osservanza delle sue prescrizioni ha guarito, in maniera sorprendente, dei malati dati ormai per spacciati dai medici". Nella Grecia antica, i poteri della dea Iside vengono attribuiti ad Apollo, a Efesto e, soprattutto, al dio Esculapio, venerato in qualunque città come dio della salute e della scienza medica. Lo studioso Prospero Alpini, profondo conoscitore dell'antichità classica, sostiene che i sacerdoti del dio Esculapio (venerato anche in area latina) si servivano di frizioni misteriose come rimedi segreti per guarire malattie incurabili, e che, come avveniva con Iside nell'antico Egitto, anche Esculapio appariva in sogno ai suoi devoti per comunicare loro le necessarie prescrizioni terapeutiche.

Scrive Prospero Alpini: "Dopo numerose cerimonie, i malati venivano portati nel santuario del dio, dove egli appariva loro in sogno e rivelava i rimedi che dovevano guarirli. Quando gli interessati non ricevevano le comunicazioni divine, dei sacerdoti denominati 'oniropoli' si addormentavano in loro vece, e il dio non rifiutava mai il beneficio richiesto".

L'usanza di andare a dormire nei templi per recuperare la salute si protrasse nelle chiese cristiane fino agli inizi del sedicesimo secolo. Distrutti i templi pagani, la pratica magnetica trovò rifugio nei nuovi centri di culto, nei conventi, nei numerosi santuari, nei luoghi più diversi dichiarati sacri. Alle sibille, alle pitonesse, agli àuguri subentrarono i monaci e i sacerdoti cristiani; invece che ai templi di Esculapio o di Serapide, i devoti della nuova religione convennero ai santuari e alle tombe dei santi, e in tutti quegli spazi religiosi che la devozione popolare contribuiva a "caricare" di energia vitale e di magnetismo curativo.

Così divennero ben presto celebri le tombe dei santi Cosma e Damiano, di San Martino, di San Germano, di Santa Caterina; in particolari ricorrenze vi affluivano malati provenienti da ogni dove, e alcuni di loro ottenevano il "miracolo" della guarigione.

Un discorso a parte meritano, all'interno del panorama religioso, le guarigioni magnetiche operate da Gesù e, dopo di lui, da alcuni suoi apostoli. Assegnare a Gesù la qualifica di "mago bianco" o di "magnetizzatore" non significa commettere ingiuria nei suoi confronti, se il termine magnetizzatore sta a designare colui che guarisce veramente, realmente, con l'esclusione totale di ogni forma di illusionismo o di ciarlataneria. Venuto sulla terra per rigenerare le anime, Egli non ha potuto restare insensibile alle miserie del corpo e si è servito del suo potente "magnetismo personale" per rimediarvi. E tutto ciò non scalfisce minimamente la natura divina della sua comparsa in questo mondo.

Sfogliando i Vangeli, vediamo che Gesù guarisce toccando o imponendo le mani, ma anche con il semplice pensiero, rispetto a quanti desiderano ardentemente la guarigione e che hanno fede in lui.

Al cap. 5 del Vangelo di Giovanni leggiamo: "Vi è a Gerusalemme, presso la porta delle pecore, una piscina chiamata in ebraico 'Betzata', con cinque portici, sotto i quali giaceva un gran numero di infermi, ciechi, zoppi e paralitici... Si trovava là un uomo che da trentotto anni era malato. Gesù, vedendolo disteso e sapendo che da molto tempo stava così, gli disse: Vuoi guarire? – Gli rispose il malato: Signore, io non ho nessuno che mi immerga nella piscina quando l'acqua si agita. Mentre infatti sto per andarvi, qualche altro scende prima di me. Gesù gli disse: Alzati, prendi il tuo lettuccio e cammina. E sull'istante quell'uomo guarì e, preso il suo lettuccio, cominciò a camminare".

Marco, al cap. 7 del suo Vangelo, racconta: "Di ritorno dalla regione di Tiro, (Gesù) passò per Sidone, dirigendosi verso il mare di Galilea in pieno territorio della Decapoli. E gli condussero un sordomuto, pregandolo di imporgli le mani. E portandolo in disparte lontano dalla folla, gli pose le dita negli occhi e con la saliva gli toccò la lingua; guardando quindi verso il cielo, emise un sospiro e disse: *Effatà*, cioè 'Apriti'. E subito gli si aprirono le orecchie, si sciolse il nodo della sua lingua e parlava correttamente. E comandò loro di non dirlo a nessuno. Ma più egli lo raccomandava, più essi ne parlavano e, pieni di stupore, dicevano: ha fatto bene ogni cosa; fa udire i sordi e fa parlare i muti".

E ancora Marco al cap. 8: "Giunsero a Betsaida, dove gli condussero un cieco pregandolo di toccarlo. Allora, preso il cieco per mano, lo condusse fuori del villaggio e, dopo avergli messo della saliva sugli occhi, gli impose le mani e gli chiese: Vedi qualcosa? Quegli, alzando gli occhi, disse: Vedo gli uomini; infatti vedo come degli alberi che camminano. Allora gli impose di nuovo le mani sugli occhi ed egli ci vide chiaramente e fu sanato e vedeva a distanza ogni cosa. Egli lo rimandò a casa dicendo: Non entrare nemmeno nel villaggio".

Anche Matteo narra nel suo Vangelo di guarigioni operate da Gesù. Al cap. 8 racconta di un lebbroso: "Gesù stese la mano, lo toccò e disse: Lo voglio, sii guarito. All'istante la sua lebbra fu guarita".

Al cap. 9 è la volta di due ciechi: "Allora toccò loro gli occhi... Immediatamente i loro occhi si aprirono".

Al cap. 12 descrive la guarigione di un uomo cieco e muto, che contemporaneamente recupera l'uso della vista e della parola: "Egli lo guarì così bene che quell'uomo parlava e vedeva".

Al cap. 20 si occupa dei due ciechi di Gerico: "Gesù è mosso da compassione, tocca i loro occhi che, istantaneamente, recuperano la vista".

In parallelo a Marco e a Matteo, Luca registra nel suo racconto evangelico una serie di eventi, che non sono soltanto atti di guarigione, ma interventi straordinari di magia bianca orientata a dominare le forze della natura, come l'episodio della pesca miracolosa e quello della moltiplicazione dei pani e dei pesci.

Al cap. 5 Luca scrive: "Quando ebbe finito di parlare, (Gesù) disse a Simone: Prendi il largo e calate le reti per la pesca. Simone rispose: Maestro, abbiamo faticato tutta la notte e non abbiamo preso nulla; ma sulla tua parola getterò le reti. E, avendolo fatto, presero una quantità enorme di pesci e le reti si rompevano. Allora fecero cenno ai compagni dell'altra barca, che venissero ad aiutarli. Essi vennero e riempirono tutte e due le barche al punto che quasi affondavano. Al vedere questo, Simon Pietro si gettò alle ginocchia di Gesù, dicendo: Signore, allontanati da me che sono un peccatore".

E al cap. 9 leggiamo: "Il giorno cominciava a declinare e i dodici si avvicinarono dicendo: Congeda la folla, perché vada nei villaggi e nelle campagne dintorno per alloggiare e trovare cibo, poiché qui siamo in una zona deserta. Gesù disse loro: Dategli voi stessi da mangiare. Ma essi risposero: Non abbiamo che cinque pani e due pesci, a meno che non andiamo noi a comprare viveri per tutta questa gente. C'erano infatti circa cinquemila uomini. Egli disse ai discepoli: Fateli sedere per gruppi di cinquanta. Così fecero e li invitarono a sedersi tutti quanti. Allora egli prese i cinque pani e i due pesci e, levati gli occhi al cielo, li benedisse, li spezzò e li diede ai discepoli perché li distribuissero alla folla. Tutti mangiarono e si saziarono e delle parti loro avanzate furono portate via dodici ceste".

Come Luca, anche Giovanni dà risalto al potere di Gesù nel dominio della materia, come nell'episodio delle nozze di Cana e in quello della passeggiata sull'acqua.

Al cap. 2 si legge: "Tre giorni dopo, ci fu uno sposalizio a Cana di Galilea e c'era la madre di Gesù. Fu invitato alle nozze anche Gesù con i suoi discepoli. Nel frattempo, venuto a mancare il vino, la madre di Gesù gli disse: Non hanno più vino. E Gesù rispose: Che ho da fare con te, o donna? Non è ancora giunta la mia ora. La madre dice ai servi: Fate quello che vi dirà. Vi erano là sei giare di pietra per la purificazione dei Giudei, contenenti ciascuna due o tre barili. E Gesù disse loro: Riempite d'acqua le giare; e le riempirono fino all'orlo. Disse loro di nuovo: Ora attingete e portatene al maestro di tavola. Ed essi gliene portarono. E come ebbe assaggiato l'acqua divenuta vino, il maestro di tavola, che non sapeva di dove venisse (ma lo sapevano i servi che avevano attinto l'acqua), chiamò lo sposo e gli disse: Tutti servono da principio il vino buono e, quando sono un po' brilli, quello meno buono; tu invece hai conservato fino ad ora il vino buono. Così Gesù diede inizio ai suoi miracoli in Cana di Galilea, manifestò la sua gloria e i suoi discepoli credettero in lui".

Al cap. 6 del suo Vangelo, dopo aver raccontato anch'egli della moltiplicazione dei pani, Giovanni scrive: "Venuta intanto la sera, i suoi discepoli scesero al mare e, saliti in una barca, si avviarono verso l'altra riva in direzione di Cafarnao. Era ormai buio, e Gesù non era ancora venuto da loro. Il mare era agitato, perché soffiava un forte vento. Dopo aver remato circa tre o quattro miglia, videro Gesù che camminava sul mare e si avvicinava alla barca, ed ebbero paura. Ma egli disse loro: Sono io, non temete. Allora vollero prenderlo sulla barca e rapidamente la barca toccò la riva alla quale erano diretti".

Se Gesù guariva in suo nome, i suoi discepoli guarirono in nome del Maestro, e gli Atti degli Apostoli al cap. 3 e al cap. 9 raccontano di "miracoli" operati da Pietro.

Al cap. 3 si legge: "Un giorno Pietro e Giovanni salivano al tempio per la preghiera verso le tre del pomeriggio. Qui di solito veniva portato un uomo storpio fin dalla nascita e lo ponevano ogni giorno presso la porta del tempio detta 'Bella' a chiedere l'elemosina a coloro che entravano nel tempio. Questi, vedendo Pietro e Giovanni che stavano per entrare nel tempio, domandò loro l'elemosina. Allora Pietro fissò lo sguardo su di lui insieme a Giovanni e disse: Guarda verso di noi. Ed egli si volse verso di loro, aspettandosi di ricevere qualche cosa. Ma Pietro gli disse: Non possiedo né argento né oro, ma quello che ho te lo do, nel nome di Gesù Cristo, il Nazareno, cammina. E, presolo per la mano destra, lo sollevò. Di colpo i suoi piedi e le caviglie si rinvigorirono e balzato in piedi camminava; ed entrò con loro nel tempio camminando, saltando e lodando Dio. Tutto il popolo lo vide camminare e lodare Dio e riconoscevano che era quello che sedeva a chiedere l'elemosina alla porta 'Bella' del tempio ed erano meravigliati e stupiti per quello che gli era accaduto".

E al cap. 9, oltre alla guarigione di un paralitico, si narra della resurrezione di una vedova, sempre ad opera di Pietro. Si legge infatti: "E avvenne che mentre Pietro andava a far visita a tutti, si recò anche dai fedeli che dimoravano a Lidda. Qui trovò un uomo di nome Enea che da otto anni giaceva su un lettuccio ed era paralitico. Pietro gli disse: Enea, Gesù Cristo ti guarisce, alzati e rifatti il letto. E subito si alzò. Lo videro tutti gli abitanti di Lidda e del Saròn e si convertirono al Signore". E di seguito: "A Giaffa c'era una discepola chiamata Tabità, nome che significa 'Gazzella', la quale abbondava in opere buone e faceva molte elemosine. Proprio in quei giorni si ammalò e morì. La lavarono e la disposero in una stanza al piano superiore. E poiché Lidda era vicino a Giaffa, i discepoli, udito che Pietro si trovava là, mandarono due uomini ad invitarlo: Vieni subito da noi! E Pietro subito andò con loro. Appena arrivato lo condussero al piano superiore e gli si fecero incontro tutte le vedove in pianto che gli mostravano le tuniche e i mantelli che Gazzella confezionava quando era fra loro. Pietro fece uscire tutti e si inginocchiò a pregare; poi, rivolto alla salma, disse: Tabità, alzati. Ed essa aprì gli occhi, vide Pietro e si mise a sedere. Egli le diede la mano e la fece alzare, poi chiamò i credenti e le vedove, e la presentò loro viva. La cosa si riseppe in tutta Giaffa, e molti credettero nel Signore. Pietro rimase a Giaffa parecchi giorni, presso un certo Simone conciatore".

Comparando le operazioni "magiche" di Gesù registrate dai Vangeli e quelle di Pietro raccontate dagli Atti, lo studioso di magnetismo umano si trova di fronte a due modalità completamente diverse, che rimandano a due meccanismi completamente diversi. Gesù, dall'alto della sua straordinaria potenza magnetica, guarisce o interviene sulla materia attraverso l'attività volitiva, attraverso la canalizzazione mirata della sua energia mentale. Pietro e gli altri discepoli, e chiunque in futuro, operano in Suo nome, attingendo all'enorme serbatoio energetico creato da Gesù nel corso della sua missione e, insieme a lui, dalle migliaia di persone che lo hanno seguito e lo hanno venerato. Sono di questo tipo le guarigioni "miracolose" che si registrano ancora ai nostri giorni a Lourdes, a Fatima, a Loreto, a San Giovanni Rotondo, a Medjugorie, i cui santuari, oggetto di grande devozione e meta di continui pellegrinaggi, sono divenuti nel corso del tempo potenti centri magnetici, carichi di virtù terapeutiche. Sul piano esoterico, si sostiene a qualunque latitudine che un santuario, un simulacro, una reliquia, un oggetto sacro qualsiasi diventano nel corso dei secoli dei potenti serbatoi energetici, le cui vibrazioni, se captate in determinate condizioni e in stato di armonica predisposizione, possono produrre immediate guarigioni fisiche, suscitare sentimenti nobili ed elevati, provocare radicali trasformazioni di natura psichica e mentale.

Si tratta pur sempre di fenomeni di "magia bianca", per la cui spiegazione occorre scomodare la cosiddetta "egregora" (termine ancora assente perfino nel dizionario Treccani). Volendo dare dell'egregora una definizione linguisticamente spendibile, si può parlare di un'entità collettiva creata dal pensiero di tutti gli individui appartenenti ad un certo raggruppamento, ad un popolo, ad una comunità religiosa, ma anche ad un movimento spirituale o ad un partito politico. È una forma-pensiero di natura collettiva (assimilabile per certi versi all'inconscio collettivo di Carl Gustav Jung) creata, nutrita e modellata da tutte le persone che indirizzano le loro vibrazioni mentali nella medesima direzione; essa può essere assimilata a un accumulatore di energia, pronto a scaricarsi, ma anche a ricaricarsi maggiormente se vi giungono con continuità vibrazioni simili a quelle che l'hanno generata. La forza di un'egregora, pertanto, si tiene e si mantiene finché restano vivi i pensieri, gli ideali e i sentimenti che la connotano; in caso contrario, la sua potenza progressivamente viene a scemare, fino a cessare di esistere. È il caso di movimenti d'opinione o di mode ideologiche che nascono e muoiono nell'arco di una stagione.

Ne segue che la potenza di un'egregora dipende dalla somma di energia dei membri che l'hanno prodotta e di quelliche continuano ad alimentarla. E, se l'egregora è di natura religiosa, data la quantità di energia che è in grado di accumulare quotidianamente, essa dispone di una potenza occulta considerevole, suscettibile di procurare a quanti ne fanno parte un forte sentimento di sicurezza e di protezione, ma anche attese e, non raramente, pretese miracolistiche.

Anche l'antichità remota conobbe le egregore; che cosa erano se non egregore i templi di Menfi e di Tebe, verso i quali accorrevano mysti da paesi anche molto lontani dalla terra d'Egitto, o i templi di Delfo e di Eleusi nella Grecia di Pitagora e di Platone, dove si apprendevano le arti teurgiche e le tecniche di lettura del pensiero e di azione magica sulla materia. Ma erano egregore anche i culti degli dèi olimpici, di cui si richiedeva l'intervento (magico) per la soluzione di problemi contingenti o la semplice protezione nelle più diverse esperienze di vita.

Oggi, negli anni duemila, la parte del leone è svolta dalle egregore legate ai numerosi santi della Chiesa cattolica, in nome e per conto dei quali si grida al miracolo dellaguarigione o alla riconquista insperata dell'armonia coniugale e familiare. Negli ultimi anni, l'egregora più potente è stata di certo quella creata attorno a Padre Pio e al luogo veramente "magico" in cui questo grande mistico ha soggiornato, considerate le migliaia di gruppi di preghiera "Padre Pio" attivati dovunque. Al riguardo si può, comunque, rilevare che l'egregora "Padre Pio" ha perso di potenza, dopo che la Chiesa Cattolica ne ha snaturato la connotazione originaria con l'inopportuna promozione alla santità del frate "miracoloso".

Se ci spostiamo dal religioso al profano, i primi secoli della nostra era vedono in primo piano l'opera meritoria di un personaggio singolare, la cui autorità in campo terapeutico è rimasta indiscussa fino al 1600. Si tratta di Claudio Galeno, nato a Pergamo nel 129 e morto a Roma nel 199. Medico nella scuola dei gladiatori a Pergamo, Galeno venne a Roma nel 162, divenendo medico personale dell'imperatore Marco Aurelio. Profondo conoscitore della scienza medica del tempo, scrisse numerosi trattati sulle virtù curative delle piante e sui poteri terapeutici del magnetismo umano.

La base da cui Galeno muove è che la vita è strettamente connessa con il *pneuma* (o spirito) che si esprime sotto tre forme diverse: come spirito animale, che ha sede nel cervello e che governa l'attività motoria e sensoriale; come spirito vitale, che ha sede nel cuore e che governa la circolazione del sangue e il calore del corpo; come spirito naturale, che ha sede nel fegato e che governa la fabbricazione del sangue e il metabolismo alimentare. In ordine alla malattia, Galeno riprende la teoria degli umori di Ippocrate (sangue, flegma, bile gialla, bile nera), considerando il fenomeno patologico la conseguenza di una *discrasia* (cattiva mescolanza) dei quattro umori, e la guarigione il risultato di una cozione e successiva espulsione degli umori in eccesso; la funzione del terapeuta consiste nell'assecondare tale processo, fino al ristabilimento dell'equilibrio fra gli umori.

Tra i più importanti seguaci di Galeno la storia del magnetismo annovera Avicenna (Ibn Sina), un filosofo arabo vissuto tra il 980 e il 1036. Il suo *Canone di medicina*, adottato nelle maggiori università europee fino al XVI secolo, si ispirava alla teoria ippocratica degli umori. Per la scienza del magnetismo, l'opera più importante di Avicenna è un trattato di alchimia dal titolo *De congelatione et conglutinatione lapidum*, nel quale si sostiene la tesi che gli astri e particolarmente la luna esercitano un'azione magnetica sulla crescita e sulla salute delle piante, degli animali e degli individui umani.

Nel XIII secolo il personaggio che ha lasciato tracce di grande levatura nel campo delle scienze occulte e del sapere in generale è Ruggero Bacone, un monaco francescano vissuto tra il 1210 e il 1292. Nato a Ilchester in Inghilterra, studiò a Oxford e a Parigi, conseguendo nel 1240 il titolo di *Magister artium*. Entrato nell'Ordine francescano, insegnò a Oxford fino al 1257, quando dovette sospendere l'insegnamento per la singolarità delle sue tesi. Autore di importanti opere filosofiche, di cui la principale è l'*Opus maius* del 1267, Bacone scrisse un trattato di alchimia intitolato *Speculum alchimiae* e un saggio di medicina dal titolo *De erroribus medicorum*.

Furono i suoi interessi per la scienza medica che indussero Bacone ad occuparsi di magnetismo e delle relative tecniche terapeutiche. Alla pratica magnetica l'alchimista Bacone, insignito al suo tempo dell'autorevole titolo di *Doctor mirabilis*, attribuiva un ruolo preponderante nel trattamento di talune malattie, vedendo in essa anche un mezzo per prolungare la vita.

Quasi contemporaneo di Ruggero Bacone fu Raimondo Lullo, nato a Palma di Maiorca intorno al 1230 da una nobile e ricca famiglia e morto nel 1315. Iniziato all'alchimia verso il 1289 da Arnaldo di Villanova, Lullo scrisse numerosi trattati in cui la ricerca della Pietra Filosofale si intreccia con gli studi sul magnetismo e sulle sue elevate potenzialità di "magia bianca". Oltre all'*Ars magna*, un'opera in cui Lullo si occupa di mnemotecnica, il suo lavoro più significativo in campo occulto è lo scritto alchemico *De trasmutatione animae metallorum*, che valse al suo autore il titolo prestigioso di *Doctor illuminatus*.

In parallelo a Raimondo Lullo, un protagonista nel campo della medicina ermetica fu certamente Arnaldo di Villanova che, nato in Provenza intorno al 1240, si conquistò una fama di alchimista, operando una trasmutazione a Roma nel 1286. Divenuto nel 1289 professore di medicina all'Università di Montpellier, le diede con i suoi corsi tale rinomanza da farne la più celebre università di tutto l'Occidente. In campo medico Arnaldo ammetteva la teoria dei quattro umori, ma vi aggiungeva un quinto elemento, lo *spiritus animalis*, al quale assegnava la funzione intermediaria tra anima e corpo. Autore di un importante trattato di alchimia intitolato *Grande Rosario*, ebbe un particolare interesse per l'astrologia e per la divinazione astrologica. Proprio in quest'ultima veste, nel 1299 fu arrestato perché, in un suo scritto, prediceva l'avvento dell'Anticristo nel 1355 e la fine del mondo nel 1464. Liberato grazie all'intervento di alcuni amici, si rifugiò in Italia, dove divenne, a Palermo, il medico personale di Federico II d'Aragona. Nel 1309 i teologi di Parigi condannarono alcune sue proposizioni, ma il papa Clemente V non solo sospese la condanna, ma lo volle presso di sé ad Avignone per avvalersi della sua pratica magnetica in quanto affetto da una grave forma di calcolosi. Un fatto curioso è che quattro anni dopo la sua morte, avvenuta per naufragio nelle acque del porto di Genova nel 1317 (Clemente era scomparso improvvisamente nel 1314), il Tribunale dell'Inquisizione intentò un processo postumo ad Arnaldo sotto l'accusa di eresia, concludendo i suoi lavori con una assurda condanna a quattordici anni di carcere.

Per lo studioso di occultismo, la figura di mago (bianco) che primeggia nel Rinascimento, soprattutto dal punto di vista pratico, è *Cornelio Agrippa di Nettesheim*, nato a Colonia nel 1486 e morto a Grenoble nel 1535. Dopo un impegno giovanile in campo militare, Agrippa fu attratto ben presto dalla filosofia occulta, coltivando in particolare l'alchimia e l'astrologia. Insegnò in diverse università, e a Pavia, nel 1515, fondò un'accademia per lo studio delle scienze occulte.

L'opera che contrassegna il suo ruolo in campo occulto, sia sul piano teorico che su quello pratico, è il *De occulta philosophia*, nel quale egli ammette la presenza di tre mondi: il mondo degli elementi, il mondo celeste e il mondo intelligibile, legati tra loro da mutua attrazione e da reciproco influsso. Nella Visione di Agrippa, il collegamento tra i tre mondi è tale che la virtù del mondo superiore fluisce sino agli ultimi gradini del mondo inferiore, e d'altro canto gli esseri inferiori pervengono, tramite gli esseri superiori, sino al mondo supremo. Come una corda tesa tra due estremi, se è toccata in un punto, vibra in tutta la sua lunghezza, così l'universo, se è toccato ad uno dei suoi estremi, risuona anche nell'estremo opposto. Ciò che tiene unito tutto l'universo e che garantisce l'azione reciproca delle sue parti è lo *spirito*, attraverso il quale l'anima del mondo opera in tutte le espressioni del mondo visibile. Quanto all'uomo, egli è collocato nel punto centrale dei tre mondi e riunisce in sé, come microcosmo, tutto ciò che è disseminato nelle cose. Questa collocazione privilegiata consente all'essere umano di conoscere la forza spirituale che tiene avvinto il mondo degli elementi e di servirsene per compiere azioni "miracolose". Sulla base di questi presupposti nasce la possibilità della magia, che per Agrippa è la scienza più alta, perché è quella che asservisce all'uomo tutte le forze della natura, anche le più nascoste. Ne segue che la magia, ponendo al servizio dell'uomo le potenze occulte della natura, conferisce a colui che le conosce un potere evocativo e operativo, che si esercita attraverso le formule, i numeri e le sostanze speciali che il mago riesce a comporre.

In Italia fu famoso nel Cinquecento il nome del medicomago Gerolamo Fracastoro (1478-1533), autore del poema *Sulla sifilide*, nel quale egli teorizza che le malattie infettive, come tutte le fermentazioni, sono dovute all'azione di minuscoli semi (gli antesignani nominali dei moderni virus). Anch'egli sostenitore della simpatia universale tra le cose, Fracastoro, nella sua opera *Simpatia e antipatia*, spiega l'influsso reciproco tra le diverse entità naturali con la dottrina, già formulata nell'antichità da Empedocle di Agrigento, secondo cui i simili si attraggono e i dissimili si respingono.

Altro nome celebre di medico-mago fu nel Cinquecento quello di Gerolamo Cardano, nato a Pavia nel 1501 e morto a Roma nel 1576, dopo avere insegnato a Padova e a Milano. Autore di numerose opere, tra cui *De subtilitate*, *De rerum varietate* e *Ars magna*, egli concepisce la natura come retta da forze vitali e spirituali e ammette soltanto tre elementi, l'aria, l'acqua e la terra, negando che il fuoco sia un elemento. Per Cardano, il calore celeste è il principio vitale universale, è l'anima che dà vita a tutte le cose e costituisce il tramite di quella simpatia universale che lega insieme tutte le cose naturali, dai corpi celesti sino al gradino più basso del mondo corporeo. Quanto all'uomo, egli rappresenta il grado più alto delle realtà terrestri, ed è stato creato per assolvere ad una triplice funzione: conoscere Dio e le cose divine; fungere da mediatore tra il divino e il terreno; dominare le cose terrene e servirsene per il suo benessere. A questo scopo sono state assegnate all'uomo tre facoltà: la mente per la conoscenza del divino, la ragione per conoscere le cose terrene, le mani per l'utilizzo delle entità corporee. Delle tre facoltà, solo la mente è immateriale ed è immortale.

Accanto al nome di Gerolamo Cardano, il naturalismo rinascimentale registra quello prestigioso di Giambattista Della Porta (1535-1615), il quale, oltre a coltivare la magia e le scienze occulte, si distinse in campo scientifico e in quello letterario. Amico di Galileo, strinse rapporti anche con Paolo Sarpi e con Tommaso Campanella, che ne subì in qualche modo l'influenza. Si occupò di medicina, demonologia, astrologia, chiromanzia, mostrando una particolare attenzione per la pratica magnetica. La sua opera principale è *Magia naturalis sive de miraculis rerum naturalium*, dove egli distingue la magia naturale da quella "infame" o "diabolica", contrassegnata dal commercio con gli "spiriti immondi". Sostenitore anch'egli dell'idea che alcuni esseri si attraggono ed altri esseri si respingono vicendevolmente, e che sulla base della simpatia e dell'antipatia tutte le cose trovano il loro equilibrio e la loro unità, Della Porta concepisce la magia naturale come conoscenza dei processi latenti della natura, che il mago può aiutare a venire alla luce, compiendo opere che il volgo ritiene "miracolose", ma che in realtà sono naturali, nel senso di essere conformi alle leggi e alle proprietà della natura.

In età rinascimentale una figura molto celebre di mago e di taumaturgo fu quella di Teofrasto Paracelso, nato a Zurigo nel 1493 e morto a Salisburgo nel 1541. Autore di numerose opere, tra cui *Paramirum* e *Paragranum*, Paracelso si occupò di magia, di alchimia, di occultismo, ma soprattutto di medicina. Fondamentalmente mago (bianco), Paracelso mostra tuttavia alcune esigenze che ne fanno un anticipatore del metodo scientifico. Per Paracelso il compito dell'uomo è la ricerca, la quale, se vuole giungere a una conoscenza vera e sicura, deve connettere insieme l'esperienza e la scienza. Teoria e pratica devono procedere parallelamente e in sintonia, giacché la teoria non è che una pratica speculativa e la pratica non è che teoria applicata.

Per Paracelso l'universo è un complesso di forze che si attraggono e si respingono, in un sistema di simpatie e di antipatie, e che concorrono a creare una profonda unità tra tutti gli esseri; e, dalla convinzione che l'uomo è un microcosmo che riflette il macrocosmo, egli trasse la conclusione che la diagnosi e la terapia delle malattie vadano ricavate dal *maior mundus*, ossia da tutte e quattro le scienze che studiano l'universo: la teologia, la filosofia, l'astronomia e l'alchimia, le quali tutte, perciò, stanno a fondamento della medicina. La teologia serve al medico per utilizzare l'influsso divino, da cui tutto dipende;

l'astronomia gli serve per utilizzare gli influssi celesti, dai quali dipendono le malattie e quindi le cure relative: l'alchimia gli serve per conoscere la quintessenza delle cose e applicarla alla guarigione.

Nel pensiero di Paracelso assume una fondamentale importanza la sua teoria degli elementi primi, che non sono quattro come nella tradizione classica, ma tre: zolfo, mercurio, sale, considerati stati diversi di aggregazione di un'unica materia primordiale, l'*yliaster*, dalla cui combinazione quantitativamente variata derivano tutte le altre sostanze; tale teoria ha contribuito non poco alla nascita della chimica farmaceutica, e molte proprietà terapeutiche sono state scoperte proprio grazie alla pratica alchemica di Paracelso.

Il panorama rinascimentale, anche nella sua dimensione umanistica, non può astenersi dal registrare come interessati alla magia (bianca) nomi prestigiosi di filosofi come Marsilio Ficino e Pico della Mirandola di area platonica o platonizzante, e quelli altrettanto (o ancor più) prestigiosi di Tommaso Campanella e di Giordano Bruno, i quali non solo rappresentano l'espressione più autentica del sapere rinascimentale, ma gettano le basi per la costruzione di quel grande edificio culturale, dove, nei secoli successivi, dovrà abitare l'uomo moderno e contemporaneo.

Per Marsilio Ficino (1433-1499), la magia trova il suo fondamento sull'universale animazione delle cose e sulla presenza nel mondo di un elemento speciale chiamato *spirito*, sostanza materiale sottilissima che pervade tutti i corpi, e che costituisce, tra l'altro, il mezzo attraverso cui l'anima esercita la sua azione sui corpi. Tale spirito è diffuso dappertutto ed è presente in ognuno di noi, come è presente in tutte le cose sia in terra che in cielo. Pietre, metalli, erbe, conchiglie, in quanto portatori di spirito e di energia vitale, possono essere variamente utilizzati. Secondo testimonianze accreditate, Ficino si dilettava nel confezionare amuleti e talismani e, non raramente, faceva ricorso a incantesimi musicali attraverso il canto degli inni orfici con accompagnamento strumentale monodico.

Per Pico della Mirandola (1463-1494), la magia è "il totale

compimento" della filosofia naturale, della quale rappresenta la parte più alta. Per Pico la magia non infrange l'ordine naturale, ma piuttosto lo asservisce, giacché il *mago* non fa che dominare e utilizzare le forze occulte che sono disseminate nella natura. A sostegno della sua idea di magia così scrive: "La magia, intimamente scrutando il consenso dell'universo, che in modo più espressivo i Greci chiamano *simpatia*, esplorato il mutuo rapporto della natura, recando ad ogni cosa le adatte lusinghe, che si chiamano i sortilegi dei maghi, porta alla luce, quasi ne fosse l'artefice, i miracoli nascosti nei penetrali del mondo, nel grembo della natura, nei misteri di Dio; e, come il contadino sposa gli olmi alle viti, così il mago marita la terra al cielo, e cioè le forze inferiori alle doti e alle proprietà superne". E, rafforzando la dose, convintamente aggiunge: "La magia, più che compier miracoli, fedelmente serve alla miracolosa natura".

Sulla stessa linea di Pico della Mirandola si muove Tommaso Campanella (1568-1639), il quale sostiene sul piano filosofico l'universale animazione delle cose, ma ritiene che, oltre alle singole anime delle cose, ci sia un'anima del mondo, un'anima propria del mondo nella sua totalità. Per Campanella è quest'anima del mondo che determina il *consenso* e la *simpatia* esistenti tra le cose e che dirige le cose stesse verso un unico fine, legandole tutte insieme nonostante le loro dissomiglianze. Ed è sul consenso e sulla simpatia, che legano le cose tra di loro, che Campanella fonda la sua fiducia nella magia, sia come scienza arcana, sia come capacità di produrre fenomeni prodigiosi. Per Tommaso Campanella vi sono tre specie di magia: quella *divina*, corrispondente all'azione "miracolosa" che uomini come Mosè e altri uomini spiritualmente elevati hanno compiuto non per propria scienza, ma perché guidati dall'*alto*; quella *diabolica*, nella quale l'azione del "diavolo" è causa di opere miracolose solo per quanti ignorano il vero meccanismo della produzione dell'evento prodotto; quella *naturale* che, oltre a comprendere tutte le forme di intervento del mago bianco, si estende all'azione delle stelle, alle influenze positive delle forze della natura, ai meccanismi spontanei di ordine terapeutico. Nella visione di Campanella, il terzo tipo di magia ha una comprensione pressoché illimitata, non solo perché tutta la natura è piena di prodigi, ma anche perché tra gli artefici della magia naturale egli include gli oratori e i poeti che muovono le passioni umane, e soprattutto i legislatori, che dall'esatta conoscenza delle virtù delle costellazioni compiono la più grande azione magica, che è la produzione delle leggi.

Per Giordano Bruno (1548-1600) il mondo è un tutto animato e Dio è l'*artefice interno* che anima e forma tutte le cose. In un universo siffatto, governato da un'unica forza animatrice, tutte le parti si collegano e si corrispondono l'una all'altra; ed è proprio su tali corrispondenze che Bruno (mago bianco praticante di alto livello) individua il fondamento della magia. Per Bruno il vero mago è il *sapiente*, ossia colui che conosce le forze della natura e, conoscendole, riesce a dominarle e a condurle verso fini utili all'uomo. "La magia – scrive Bruno – non è altro che una cognizione dei segreti della natura, con la facoltà di imitare la natura nelle opere sue e fare cose meravigliose agli occhi del volgo".

ETÀ MODERNA

L'arco di tempo che abbraccia la prima metà del XVII secolo vede la nascita della scienza modernamente intesa. Gli scienziati del Seicento, infatti, intendono la conoscenza scientifica come un sapere contrassegnato da procedure di osservazione e di indagine informate al principio della massima generalizzazione possibile, che può essere unicamente consentita dall'uso del linguaggio matematico nella descrizione dei fenomeni osservati e dall'utilizzazione delle teorie matematiche come modelli di rappresentazione della realtà. A questa nuova visione del sapere scientifico si accompagna un processo virtuoso di *neutralizzazione* del sapere; lo scienziato, obbligato a rendere ragione dei contenuti profondi del suo lavoro, tende a presentarli come un "sapere neutrale", che forse è superiore, ma comunque è diverso dal sapere religioso, politico, etico. Questa aspirazione al sapere neutrale porta a modificare profondamente la stessa psicologia del ricercatore il quale, in maniera pressoché spontanea, tende ad espungere accuratamente dalla sua ricerca questioni suscettibili di generare sospetti di eresia, e a costruire verità che si impongano da sole senza bisogno di ulteriori mediazioni concettuali. È una modificazione salutare che porta progressivamente al divorzio della scienza dalla filosofia che, mai definitivamente compiuto, scandirà la storia della cultura occidentale nei secoli successivi.

Nonostante questo mutamento di visione sul piano culturale rispetto all'attitudine mentale dell'uomo rinascimentale, lo storico della scienza Paolo Rossi definisce il secolo compreso tra il 1550 e il 1650 come il "tempo dei maghi". Definizione sorprendente per chi pensa a quel secolo come al periodo in cui è nata la scienza quale la intendiamo oggi. Tuttavia, risponde a verità che il pensiero magico in quel periodo è ancora al centro della cultura europea. È sufficiente, a questo riguardo, prendere in considerazione alcune delle più influenti personalità dell'epoca, affascinate o influenzate dal pensiero magico. Si tratta di fior di filosofi e fisici come Bacone, Galilei, Cartesio, Keplero, Newton, Leibnitz, i quali comprendono nelle loro dottrine aspetti e motivi che richiamano tradizioni esoteriche legate all'ermetismo, all'alchimia e all'astrologia. Di certo è difficile trovare una spiegazione su come riescano a convivere in quelle menti eccelse pensiero moderno e pensiero magico, ma è interessante rilevare come il pensiero magico abbia stimolato in qualche caso geniali e corrette intuizioni. Che cos'è se non elemento magico la "vis repraesentativa" della monade leibnitziana o la "forma" intrinseca delle cose (*ipsissima res*) di cui parla Bacone? D'altronde, la prima metà del '600 è contrassegnata dalla comparsa sulla scena esoterica (e magica) della fratellanza Rosacroce, a cui il filosofo del *Cogito* Renato Cartesio chiede e ottiene l'affiliazione.

Sul piano storico ormai è accertato che nel Seicento diverse corti europee costituivano centri d'attrazione per maghi e astrologi, i quali venivano consultati da principi e sovrani prima di prendere decisioni su questioni importanti, come la pace o la guerra, ma anche su questioni futili, come fare il bagno o non farlo. Del resto è sicuramente curioso che, tra il 1600 e il 1602, Galileo fu impegnato nella stesura di oroscopi per sé, per il fratello Michelangelo, per il suo amico Sagredo, per la sorella Virginia, ma anche per chi glieli commissionava (60 lire per ogni oroscopo); in seguito a questa attività fu denunciato all'Inquisizione, essendo l'astrologia assimilata alla magia nella condanna della Chiesa. Si sa anche che, nel 1609, a Galileo fu richiesto da Cristina di Lorena di fare l'oroscopo di Ferdinando I di Toscana in ordine alle sue precarie condizioni di salute, che di lì a qualche giorno l'avrebbero portato alla morte.

Ma, se il Seicento è caratterizzato, specialmente in Italia, dall'attività dei Tribunali dell'Inquisizione, i quali intervengono con il massimo rigore sul fenomeno della stregoneria femminile, applicando alla lettera le prescrizioni deliberate nel secolo precedente al Concilio di Trento, il Settecento inaugura già nei primi decenni un clima di libertà culturale e di visione laica del mondo, che porterà all'affermazione dell'Illuminismo francese, con conseguenze salutari in quasi tutta l'Europa. Proprio sulla base della maggiore libertà e del conseguente affrancamento mentale e psicologico, la magia rialza la testa e registra negli ultimi anni del XVIII secolo nomi prestigiosi di maghi (bianchi), quali certamente furono Cagliostro e Saint-Germain, e del più grande studioso di magnetismo umano, quale certamente fu Antonio Mesmer.

Quanto al Conte di Cagliostro (il suo vero nome era Giuseppe Balsamo), egli toccò l'apice della fama di guaritore in seguito alla sensazionale cura del principe di Soubise, il quale era stato dichiarato inguaribile dai suoi medici. Il mago chiese di isolarsi con l'infermo, e dopo un'ora uscì dicendo che, se si fossero seguite le sue prescrizioni, entro due giorni il principe avrebbe lasciato il letto e avrebbe passeggiato nella stanza, entro otto giorni sarebbe uscito in carrozza, ed entro tre settimane sarebbe potuto andare a corte a Versailles. In effetti il principe riprese a passeggiare prima del tempo prefissato; corse voce che Cagliostro avesse magnetizzato il paziente e avesse appreso dallo stesso il rimedio curativo.

Alla domanda che gli veniva spesso rivolta in che cosa consistesse il suo potere terapeutico, Cagliostro era solito rispondere: in *verbis, herbis, lapidibus*, intendendo alludere con tale laconica risposta alle "miracolose" guarigioni ottenute, sia facendo ricorso alle essenze dei vegetali e dei minerali, sia utilizzando la forza suggestiva della sua parola. La Tradizione vuole che egli abbia guarito *magicamente* migliaia di persone, oltre che con il suo naturale *fluido* magnetico, sfruttando estratti di piante e di erbe e utilizzando la salutare energia delle pietre. Al netto della leggenda che poté essere costruita a livello di immaginario, sicuramente grande fu l'influenza del Conte sui ceti popolari. Quando fu rilasciato dalla Bastiglia, dov'era stato rinchiuso per un sospetto infondato, diecimila parigini lo portarono in trionfo per le strade, e l'indomani il Boulevard Saint-Antoine ove abitava fu invaso da una folla acclamante; e, quando, per timore di sommosse, gli fu ingiunto di lasciare Parigi entro otto giorni, una nuova calca di dimostranti si radunò intorno alla sua abitazione.

Se su Cagliostro gli storici e gli studiosi di cose occulte sono riusciti a fare quasi completamente luce, altrettanto non può dirsi per il Conte di Saint-Germain, sulla cui identità e provenienza l'enigma rimane tutt'oggi irrisolto. Egli stesso, definito da Federico il Grande "l'uomo che non può morire", affermava di vivere da duemila anni grazie ad un misterioso fluido capace di prolungare la vita. Di media statura, dalla fisionomia comune e scuro di capelli, il Conte vestiva abiti eleganti e ornati di pietre preziose; gli si poteva attribuire la costante età di quarant'anni (è l'età che i filosofi dell'antichità greca stabilivano per il raggiungimento del massimo della maturità mentale). Parlava e scriveva moltissime lingue, tra cui il sanscrito e il cinese, dipingeva con abilità e straordinaria creatività, suonava con preziosità e virtuosismo il clavicembalo e il violino.

Possedendo il dono dell'ubiquità, Saint-Germain sapeva rendersi invisibile e poteva riapparire ovunque desiderasse. Incalcolabilmente ricco, era in grado di fabbricare l'oro e di perfezionare i diamanti. Naturalmente dotato di un potente magnetismo personale, suscitava un fascino straordinario, operando in campo terapeutico veri e propri miracoli. Era circondato da servi e valletti, che raccontavano le cose più strabilianti del loro padrone. Quando un tale fece notare a Roger, maggiordomo del Conte, che il suo signore era un bugiardo, si sentì rispondere: "Lo so meglio di voi; dice a chiunque di avere quattromila anni, ma al mio arrivo mi disse di avere tremila anni, e io sono al suo servizio solamente da un secolo. Dunque se ne aggiunge novecento, non so se per errore o per menzogna".

E se questi erano i discorsi dei domestici, non diversi erano quelli dei nobili che avevano il privilegio di conoscerlo. Quando Saint-Germain comparve a Versailles, dalla contessa di Gergy si sentì dire: "Cinquant'anni fa ero ambasciatrice a Venezia, e ricordo di avervi visto in quella città; avevate lo stesso aspetto di adesso, anzi sembravate più maturo, perché con gli anni siete ringiovanito".

Il re Luigi XV, venuto a conoscenza delle sue sovrumane facoltà, ordinò che Saint-Germain venisse alloggiato a Chambord, con il permesso di poter accedere liberamente alle sue stanze private. In ambienti esoterici circolò la voce che il Conte avesse proposto al re di Francia di farsi Rosacroce, ricevendone un rifiuto; soltanto accettando la proposta, Luigi XV avrebbe salvato la dinastia dei Capetingi.

A livello di ben informati, Saint-Germain fu visto ancora a corte dopo l'avvento al trono di Luigi XVI, con la "missione" di salvare la monarchia e la famiglia reale. Venuto in sospetto al ministro di polizia Maurepas e non essendo riuscito a convincere ai suoi propositi la regina Maria Antonietta, il Conte decise di abbandonare la Francia e di ritirarsi in Germania ospite del Langravio di Hessen-Cassel, suo grande ammiratore e appassionato di alchimia. La Tradizione vuole che il Conte si sia spento all'improvviso durante quest'ultimo soggiorno tra le braccia di due damigelle.

Se di Cagliostro e di Saint-Germain si è occupata più la leggenda che la Storia, di Antonio Mesmer, oltre alla Storia, si è occupata la scienza, ma non tanto per verificare l'attendibilità della sua anomala proposta terapeutica, quanto per destituirla di valore e per relegarla al vasto campo della stregoneria ciarlatonesca priva di ogni fondamento scientifico. Ma Mesmer non solo non era un cialatano, ma un medico che prospettava alla medicina del suo tempo nuove modalità terapeutiche fondate sull'utilizzo (scientifico) del cosiddetto "fluido vitale" presente in natura, di cui si era ipotizzata l'esistenza già nel Rinascimento e che la Tradizione ermetica aveva da secoli celebrato come "anima mundi". La nota particolare è che la dottrina del "magnetismo animale", di cui Mesmer fu l'interprete, riscosse il plauso di personaggi celebri come Hahnemann (il padre dell'omeopatia) e Mozart, di Franklin, di Lafayette, e persino di Georges Washington; e che suscitò l'interesse sia di Maria Teresa d'Austria che di sua figlia Maria Antonietta, oltre che dello stesso sovrano di Francia Luigi XVI.

Franz Anton Mesmer nacque il 23 maggio del 1734 nella borgata di Iznang, sulle sponde del lago di Costanza. Insofferente della disciplina, coglieva ogni pretesto per marinare la scuola e poter gironzolare nella foresta al seguito dei rabdomanti in cerca di acque sotterranee o di giacimenti minerari, e quando si accorse che anch'egli sentiva l'attrazione magnetica dell'acqua ne rimase fortemente colpito. Malgrado la libertà che si concedeva nella frequenza scolastica, all'età di sedici anni era già dottore in teologia e possedeva solide conoscenze in filosofia, in diritto e in matematica.

Iscrittosi alla facoltà di medicina presso l'università di Vienna, Mesmer cominciò a frequentare l'Ordine esoterico dei "Fratelli iniziati dell'Asia", i cui membri, denominati "Illuminati", appartenevano a religioni diverse e venivano ammessi dopo aver superato i primi tre gradi di una loggia massonica. I Maestri dell'Ordine, studiosi di scienze occulte, insegnavano ai neofiti che la vita psichica agisce sulla vita fisica e che la suggestione conferisce all'uomo un potere sul suo simile paragonabile a quello della calamita sul ferro.

Conseguita la laurea in medicina, Mesmer sposò la vedova del consigliere imperiale Von Bosch, di dieci anni più anziana di lui e già madre di un ragazzo. Con i trentamila ducati portati in dote dalla moglie, poteva permettersi una vita da benestante, impegnandosi solo saltuariamente nella professione medica. Al contempo, però, continuava a interessarsi a tutte le scienze che aveva studiato all'università, informandosi sulle ultime scoperte dei naturalisti, dei matematici e dei fisici, dei chimici e degli astronomi.

Con il passare del tempo le sostanze cominciarono a scarseggiare, e Mesmer, dopo sei anni di matrimonio, dovette rassegnarsi a mettere a frutto la sua cultura enciclopedica e a praticare continuativamente la medicina. Convinto, sulla base dei suoi studi sull'azione della calamita, di avere scoperto l'esistenza di un fluido vitale universale, governato da leggi meccaniche e analogo per le sue proprietà all'elettricità e al magnete, Mesmer iniziò i suoi esperimenti di guaritore magnetico.

Il primo caso clamoroso di guarigione magnetica fu quello della signorina Franze Oesterline, una giovane di ventinove anni, da molto tempo affetta da convulsioni accompagnate da dolori di testa, di orecchie e di denti, a cui si alternavano momenti di nausea e di delirio.

Mesmer ne parla nel suo scritto *Mémoire sur la découverte du magnetisme animal*, descrivendo in dettaglio le diverse fasi dell'intero procedimento terapeutico.

Dopo questo primo successo, la sua casa fu presto invasa da una folla di malati. Si faceva fatica ad ottenere un appuntamento o un semplice colloquio di qualche minuto. Per far fronte alle esorbitanti richieste di trattamento, Mesmer si prodigò allora a magnetizzare tutto della sua abitazione, dalle pareti ai mobili, agli alberi del parco, alla stessa acqua di una grande vasca situata in mezzo al verde. Poté così, in tutta libertà, applicare i suoi metodi di cura, ottenendo numerose guarigioni, alcune delle quali straordinarie, come quella del celebre accademico Osterwald, affetto da emiparesi e quasi cieco; quest'ultimo risultato valse a Mesmer, il 28 novembre 1775, la laurea ad honorem in medicina all'Accademia di Baviera. Fu a questo punto che decise di lasciare

Vienna per trasferirsi a Parigi, trovando posto in place Vendôme, in un albergo gestito dai fratelli Bourret. A Parigi Mesmer cura qualunque malattia facendo ricorso esclusivo alle sue risorse magnetiche, attraverso la imposizione e i movimenti delle mani.

Dato il numero sempre crescente di pazienti, Mesmer pensò di procedere con la terapia di gruppo; in una sala con porte e finestre accuratamente chiuse, in un'atmosfera di totale silenzio, gli ammalati venivano fatti sedere su sedie disposte attorno ad una tinozza contenente acqua magnetizzata. Mesmer, l'unico in piedi, andava e veniva tra i gruppi, fissando intensamente i presenti con i suoi occhi chiari e luminosi, e passando sui loro corpi la mano o la sua bacchetta.

Ma il successo può dare alla testa, e Mesmer si lasciò andare cadendo nella sindrome dell'onnipotenza. Egli si mise a magnetizzare, gratuitamente o dietro compenso, tutto ciò che gli veniva inviato, dai fazzoletti da naso alle medaglie, ai pezzi di legno scolpiti con l'effigie del mittente. Ne nacque inevitabilmente la speculazione: mercanti scaltri e privi di scrupolo vendevano a metro tessuti magnetizzati, contrabbandandoli come opera del "maestro", e parecchi si spacciavano per magnetizzatori, dichiarandosi allievi di Mesmer, senza averlo mai conosciuto e senza avere la minima idea delle sue teorie. Per i benpensanti e per i notabili della medicina ufficiale si era andati oltre il segno. Così la Facoltà di Medicina di Parigi decise di convocare il dott. Mesmer per porre fine allo scandalo. Al posto del "maestro" si presentò il suo allievo più famoso, il dott. D'Eslon, già medico personale del Conte d'Artois, fratello del re.

La seduta fu alquanto burrascosa. Dalle critiche si passò alle ingiurie, e, senza neanche ascoltarlo, l'assemblea dei medici sospese D'Eslon per un anno, minacciando la sua radiazione a vita se non avesse rinnegato il mesmerismo.

Mesmer, vistosi perduto, ebbe l'idea di rivolgersi a Maria Antonietta, la quale inviò due bellissime ambasciatrici, la duchessa di Polignac e la principessa di Lamballe, entrambe affiliate alla Massoneria, con la proposta a Mesmer di creare, dietro compenso di ventimila lire all'anno, un centro di formazione magnetica. Ciò avrebbe significato elevare il magnetismo (animale) al rango di un'indiscussa branca della scienza medica. Mesmer, purtroppo per lui, non comprese la bontà della proposta e, testardo come sempre, rifiutò ogni compromesso e partì per la Svizzera in compagnia di due suoi pazienti, il banchiere Guillaume Kornmann e l'avvocato Nicolas Bergasse. D'Eslon, da parte sua, che gli aveva consigliato di accettare la proposta della regina, ruppe ogni rapporto con lui. E Mesmer, ancora una volta, credendo di aver vinto, aveva in pratica perso tutto. Quando se ne convinse, non gli restò che accettare quanto gli venne proposto dai suoi compagni di viaggio, e cioè di creare una società per azioni che avrebbe avuto lo scopo di rivelare ai sottoscrittori "i segreti del magnetismo e il modo di insegnarlo". Con Mesmer come uomo di punta, un'impresa di tal natura non poteva che avere successo. Nel giro di qualche settimana, i tre soci fondatori raccolsero la favolosa somma di duecentoquarantamila lire.

Il buon esito dell'impresa permise ai tre soci di fondare un'associazione sul modello delle logge massoniche, che battezzarono con il nome di "Loggia dell'Armonia Universale"; ma, memori dell'esperienza passata, presero tutte le precauzioni per evitare che vi si potessero infiltrare imbroglioni e malfattori. Così era necessario avere almeno venticinque anni per essere ammessi, e l'art. 4 dello Statuto stabiliva che solo i medici potevano esercitare la pratica magnetica dietro compenso. Con la copertura della nuova società Mesmer rientrò a Parigi per fondare una clinica in rue de Coq-Heron. Come in passato, fu ancora una volta un successo. I malati si precipitarono al centro di cura in gran numero, e sembrò per un momento che fossero ritornati i tempi fausti. Ma ecco che si mise di traverso la cattiva sorte. Court de Gébelin, uno scrittore che aveva sempre difeso Mesmer e il mesmerismo, venuto a curarsi nel nuovo centro, ne era uscito nella bara. Evidentemente, i nemici di Mesmer approfittarono di questa morte eccellente per riprendere gli attacchi contro il padre del magnetismo animale e per chiedere alle autorità di intervenire.

Su ordine del re venne aperta un'inchiesta: furono fatte

delle perquisizioni nei diversi centri di cura in cui si praticava il magnetismo; furono pubblicati, in venticinquemila copie, due rapporti, dove si condannava inequivocabilmente il mesmerismo e si affermava che la teoria del magnetismo animale era senza fondamento. I giochi erano ormai fatti, e Mesmer fu costretto dagli stessi avvenimenti ad abbandonare Parigi: era la primavera del 1785.

Da allora, iniziò per il "maestro" una vita errabonda, che lo portò in Inghilterra, e da qui in Germania, in Austria, in Svizzera. Nel 1790 fece una breve apparizione a Parigi, una Parigi in piena rivoluzione che egli si limitò ad osservare con la curiosità del visitatore attento e intelligente. Nello stesso anno rientrò a casa sua, a Vienna.

Dopo alcuni soggiorni a Parigi, anche se di breve durata, Mesmer venne posto sotto sorveglianza dalla polizia austriaca, la quale, accertate le sue simpatie verso il nuovo sistema politico che si era venuto a creare in Francia, il 18 novembre 1793 procedette al suo arresto. Il 5 dicembre dello stesso anno, un decreto dell'imperatore gli accordava la libertà, ma a condizione che lasciasse per sempre Vienna e l'Austria.

Costretto a lasciare Vienna, Mesmer si trasferì in Svizzera, dove profuse il suo impegno nel delineare con estrema chiarezza le sue scoperte, ormai lontano dai rumori e da ogni desiderio di rivincita professionale. Negli anni che seguirono, l'unico episodio di rilievo fu la conoscenza di un giovane medico, il dott. Karl Wolfart, con il quale strinse una solida amicizia. Fu proprio Wolfart ad occuparsi della redazione e della pubblicazione dell'ultima opera del "maestro" dal significativo titolo *Mesmerismus*.

Ultimato questo lavoro, Mesmer andò a raggiungere la sua famiglia a Redswiller; successivamente, preso da una sorta di presentimento, si ritirò a Meersburg, sulle rive del lago di Costanza, da dove poteva scorgere, dall'altra parte, la sua città natale Iznang.

Il 26 febbraio 1815 Mesmer si ammalò. Una vecchia malattia della vescica si era improvvisamente acutizzata. Le sue condizioni si aggravarono il 1° marzo. Dopo un attacco apoplettico, rimase paralizzato dal lato sinistro, e il 3 marzo serenamente si spense. Aveva 81 anni e lasciava, oltre alla sua opera, un'eredità di seimila fiorini.

Il dott. Wolfart eseguì le ultime volontà del "maestro" e fece costruire la sua tomba come dalle indicazioni testamentarie. È un piccolo edificio a tre facce, un prisma triangolare che poggia su un disco al quale si accede per tre scalini. Sulla prima faccia, sulla quale si legge il nome Franz Anton Mesmer, è inciso un occhio inscritto in un triangolo circondato da raggi; sulla seconda faccia dei cerchi concentrici circondano un sole che sovrasta la data di nascita: 23 maggio 1734; sulla terza faccia sono incise una stella, una fiaccola, una palma e la data della morte. Sulla parte alta del prisma è raffigurata una bussola, emblema del movimento magnetico. La tomba di Antonio Mesmer, per molto tempo trascurata e dimenticata, è stata di recente restaurata, guarnita di un cancelletto e ornata di fiori odorosi e verdi fronde.

Al di là delle vicende personali e delle lotte che Mesmer ha dovuto sostenere con i rappresentanti della scienza medica del suo tempo, si può con tranquillità affermare che il mesmerismo ha aperto la strada all'utilizzo terapeutico dell'energia mentale, creando le basi per la nascita della *pranoterapia*, così come la si pratica e la si conosce al nostro tempo. È opportuno, pertanto, mettere in risalto talune definizioni del "maestro" Mesmer in ordine alle sue scoperte.

"L'azione e la virtù del magnetismo animale – egli scrive – possono essere comunicati ad altri corpi animati e inanimati. Gli uni e gli altri sono pertanto più o meno suscettibili di accoglierle". È una proposizione, questa, che condensa in sé il fondamento stesso del magnetismo curativo, tanto nella sua forma diretta quanto nella sua forma indiretta. La possibilità di magnetizzare a scopo terapeutico un corpo inerte, quale può essere un batuffolo di cotone idrofilo o del liquido contenuto in una bottiglia (soprattutto acqua e olio), permette un uso più esteso della cura magnetica.

"Il fluido magnetico manifesta, specialmente nel corpo umano, proprietà analoghe a quelle della calamita; vi si distinguono dei poli ugualmente diversi e opposti, che possono essere comunicati, scambiati, distrutti, rinforzati". In questa affermazione Mesmer stabilisce una corrispondenza perfetta tra il magnetismo animale e il magnetismo terrestre, riconoscendo al magnetismo animale delle direzioni, dei poli e i medesimi comportamenti che al suo tempo si incominciava a scoprire nel magnetismo elettrico.

"L'azione del fluido si esercita a distanza, senza l'ausilio di alcun corpo intermediario". È una definizione, questa, che, se da una parte dà fondamento all'influenza magnetica a distanza (anche lunga), dall'altra afferma categoricamente che l'operatore non ha da toccare il paziente, ma ha da praticare il trattamento a qualche centimetro dalla regione del corpo interessata, e cioè a distanza ravvicinata.

"Il mio metodo, valido per qualunque affezione, si fonda su una teoria nuova delle malattie". Con questa proposizione Mesmer sostiene il carattere universale del magnetismo, nel senso che è la medesima corrente energetica a guarire le diverse forme patologiche, a prescindere dalla loro natura e dalla loro origine. Per Mesmer la guarigione dipende esclusivamente dal fatto che la corrente magnetica esiste e che "attraversa" il malato, ripristinando gli equilibri intaccati e normalizzando le funzioni organiche compromesse.

Un ulteriore merito di Antonio Mesmer è quello di avere individuato i poli magnetici del corpo umano, di averne definito il numero (per la precisione sette, di per sé un numero tradizionalmente magico) e di averne stabilito la collocazione. Il primo polo, situato poco al di sopra del diaframma, è ritenuto da Mesmer la sede di talune anomalie, quali le ritenzioni, le ostruzioni, le affezioni epatiche; nel trattamento dei suoi pazienti egli aveva un certo riguardo per questa zona del corpo, che considerava particolarmente fragile nella maggior parte delle persone. Il secondo polo ha la sua sede nella regione pelvica, regione considerata da Mesmer fortemente sensibile, su cui canalizzava il fluido magnetico per la cura di numerose malattie. Il terzo polo viene individuato da Mesmer all'altezza del seno ed è ritenuto oggetto di trattamento per la cura delle crisi malinconiche. Il quarto polo ha la sua sede centrale nella bocca, ma si estende verso l'alto fino alla base del naso; la sua magnetizzazione favorisce l'evacuazione degli "umori". Il quinto polo coinvolge l'intero setto nasale e si estende verso l'alto fino al cranio, e lateralmente fino alle orecchie; canalizzare energia magnetica verso questo polo risulta necessario per la cura di patologie afferenti alla scatola cranica. Il sesto polo ha a che fare con la regione oculare, e la sua magnetizzazione è d'obbligo nella cura di tutte le patologie della vista, così come delle diverse affezioni collaterali. come le vertigini e le nausee. Il settimo polo ha la sua sede nelle due mani; Mesmer lo tiene in grande considerazione per i trattamenti collettivi, allorché invita i pazienti a tenersi per mano.

ETÀ CONTEMPORANEA

I riconoscimenti che Mesmer non ebbe in vita, li ebbe abbondantemente dopo la morte, e il suo metodo, che prese la denominazione di "mesmerismo", fu ampiamente adottato per tutto l'Ottocento sia come tecnica terapeutica sia come strumento puramente anestetico. Si ha notizia di un uso sistematico dell'anestesia mesmerica da parte del chirurgo inglese Elliotson intorno alla metà del secolo.

All'indomani della morte di Mesmer, gli studi sul magnetismo trovarono in Francia numerosi cultori, tra cui Deleuze, Du Potet, Lafontaine.

Philippe Deleuze (1753-1835) è il primo studioso di mesmerismo che si è assunto l'impegno della sua divulgazione, ponendo mano a numerosi lavori, tra i quali si distinguono una *Histoire critique du magnétisme* e una *Instruction pratique sur le magnétisme*. A Deleuze va il merito di avere scoperto la stretta correlazione che passa tra l'influenza magnetica fisica e l'influenza suggestiva del magnetizzatore; correlazione che comporta la necessità di stabilire un rapporto diretto tra l'operatore e il soggetto interessato. Sul piano teorico, Deleuze si dichiara fermamente convinto che ogni essere umano è dotato di poteri magnetici; cosa che permette a qualunque individuo, uomo o donna che sia, la possibilità, se vuole, di influenzare "positivamente" gli altri; con la precisazione che la trasmissione del magnetismo animale è fondamentalmente diversa dall'attrazione dei metalli calamitati, in quanto essa non si esercita in maniera automatica, ma può essere attivata solo mediante uno sforzo di volontà.

Sul piano operativo Deleuze insiste anche sulla necessità che tra il paziente e l'operatore esista un minimo di fiducia e di simpatia; se il soggetto non si abbandona, se oppone una qualche resistenza, è molto difficile che la corrente passi e che la proiezione fluidica abbia luogo. Tale esigenza sembra a Deleuze così essenziale da essere spinto ad affermare che, se è vero che l'azione magnetica può essere esercitata anche a distanza, la condizione ineludibile perché l'operazione riesca è che tra trasmittente e ricevente vi sia una perfetta sintonia. Ma ciò non basta, giacché, per Deleuze, altro elemento essenziale è che l'azione magnetica sia finalizzata al bene: l'influenza magnetica perde tutta la sua efficacia, allorché viene intrapresa allo scopo di nuocere.

Una volta affermata l'essenzialità della ricettività e della finalità, Deleuze non esclude che la trasmissione del "fluido vitale" possa prodursi con la mediazione di un oggetto, in assenza del rapporto diretto tra i protagonisti dell'operazione. In tal caso, ciò che non deve mancare è che il magnetizzatore metta in campo un'adeguata forza volitiva e che il destinatario sia sintonizzato sulla sua lunghezza d'onda.

Deleuze è stato tra i primi a dire queste cose, e non è un merito da poco. Prima di lui, l'esercizio del magnetismo era un privilegio di casta, e non raramente serviva all'operatore per esibire poteri miracolistici. Deleuze ha dato al magnetismo curativo la sua vera dimensione, ponendo a base della pratica magnetica il principio che essa deve servire a lenire le sofferenze del prossimo, senza propositi di gloria o di ricchezza.

In questi termini, Deleuze ha sicuramente il merito di aver

creato il codice morale del guaritore magnetico e di aver mostrato come la pratica magnetica sia inefficace se non è guidata da sentimenti altruistici.

Jules Denis Du Potet, barone di Sennevoy, vissuto a Parigi tra il 1796 e il 1881, fu senza dubbio uno dei più grandi magnetizzatori del suo tempo. Discepolo di Deleuze, Du Potet, come il maestro, ritiene che l'azione magnetica possa produrre il suo pieno effetto, solo se sostenuta da un potente sforzo mentale, e insiste per conseguenza sulla necessità di una forza volitiva da sviluppare con continuità e perseveranza. Du Potet è il celebrato autore di un *Traité complet de magnétisme animal*, di un *Manuel de l'étudiant magnétiseur* e di un pregevole lavoro sulle scienze occulte dal significativo titolo *La magie dévoilée*.

Sempre nell'Ottocento una figura particolare di magnetizzatore è quella di Charles Lafontaine (1803-1892), il quale si accosta alla pratica magnetica al fine di superare il suo scetticismo e verificare in prima persona la realtà del fenomeno magnetico e della sua azione sull'organismo umano. L'esperienza che ne ebbe fu talmente convincente da essere spinto a un impegno sistematico nell'attività di guaritore magnetico e a percorrere in lungo e in largo la Francia, non solo per curare gli ammalati, ma anche per dimostrare in pubbliche conferenze la fondatezza del magnetismo curativo.

Varcati i confini della Francia nel 1841, Lafontaine si portò in Inghilterra, dove conobbe James Braid, l'ideatore dell'ipnotismo magnetico. Dopo qualche anno di soggiorno oltre Manica, raggiunse l'Italia dove ottenne un'udienza privata da papa Pio IX, il quale pare si sia complimentato con lui per i risultati raggiunti e lo abbia incoraggiato a proseguire. Nella persona del suo massimo rappresentante, la Chiesa di Roma riconosceva così la legittimità del magnetismo come tecnica terapeutica e cessava formalmente di considerare la pratica magnetica come opera del demonio. Dopo un breve rientro in Francia, nel 1851 Lafontaine si trasferì in Svizzera, fissando a Ginevra la sua definitiva dimora. La morte lo colse nella sua ultima sede di dimora all'età di 89 anni.

Nella seconda metà dell'Ottocento un notevole contributo alla scienza del magnetismo venne dagli studi condotti dal chirurgo scozzese James Braid, il quale, dietro un approfondimento della teoria di Mesmer, giunse alla scoperta dell'ipnotismo magnetico, che dal suo nome fu detto anche "braidismo".

Braid applicò l'ipnotismo magnetico alla cura di specifiche malattie, quali il tic doloroso, la cefalalgia di origine nervosa, le nevralgie cardiache, i reumatismi, e adoperò l'anestesia ipnotica nei piccoli interventi chirurgici.

Nonostante i buoni risultati conseguiti, anche Braid, al pari di Mesmer, non ebbe alcun riconoscimento ufficiale e, quando nel 1842 volle sottoporre le sue esperienze terapeutiche alla sezione medica dell'Associazione britannica, offrendosi di ripetere gli esperimenti secondo i canoni scientifici davanti ad una commissione speciale, la richiesta gli venne formalmente rifiutata.

Contemporaneamente a Braid, pervenne agli stessi risultati l'americano Grimes, ideatore di una teoria sulla "elettrobiologia", che si diffuse rapidamente non solo negli Stati Uniti ma anche in Europa. L'elettrobiologia ebbe tanta eco negli ambienti scientifici che sette membri del senato americano invitarono ufficialmente il dott. Dods, sostenitore accreditato della nuova teoria, a tenere delle conferenze dinnanzi al Congresso degli Stati Uniti.

Nel 1855 comparve in Francia la teoria dell'"elettrodinamismo vitale" a nome del dott. Philips pseudonimo di Durand de Gros, il quale diede alle stampe nel 1860 un'opera divulgativa sulla pratica ipnotica sotto il titolo *Cours théorique et pratique de Braidisme ou ipnotisme nerveux*. L'aspetto connotativo della teoria del dott. Philips risiede nella scoperta che non è la sola fissazione dello sguardo che determina il sonno nervoso, ma anche l'*impressione mentale*, ossia la suggestione di idee, capace di produrre una reazione modificatrice non soltanto sulle diverse funzioni del cervello, ma anche sulle diverse funzioni della vita organica.

Nel 1866 vide la luce un lavoro di Liébault intitolato *Du sommeil et des* états *analogues considerés surtout au point de vue de l'action du moral sur le phisique*, e nel 1875 Charles Richet, il futuro premio Nobel per la medicina, iniziò la pubblicazione dei suoi lavori sull'ipnotismo, aprendo la via alla ricerca scientifica sull'ipnosi da parte di valenti studiosi come Heindenhein, Grutzener, Berger, e tanti altri.

Sul piano culturale, in particolare sul piano filosofico e scientifico, gli ultimi decenni del diciannovesimo secolo furono, come noto, contrassegnati dalla mentalità positivista: è il periodo in cui si ritiene che la scienza sia capace di sezionare tutto, di spiegare tutto, di potere tutto; i tecnici dominano incontrastati e i ricercatori ortodossi la fanno da padroni.

Paradossalmente, in quegli anni, il magnetismo, impalpabile per natura, inspiegabile per essenza, segreto per necessità, esce dal tempio "iniziatico" e raggiunge il vasto pubblico; e ciò grazie ai Durville, a degli studiosi francesi di alto bordo appartenenti alla stessa famiglia, il cui impegno ha lasciato una notevole impronta sia sul piano dottrinario che su quello pratico e operativo.

Il primo dei Durville fu Hector, fondatore nel 1893 dell'*Ecole pratique du magnétisme* e creatore del *Journal du magnétisme*. Esuberante e iperattivo, Hector Durville trovò il tempo di scrivere un numero impressionante di manuali e di opere a carattere divulgativo, destinati a quanti fossero interessati a studiare seriamente il fenomeno magnetico e a praticarlo. Il suo libro più famoso *Magnétisme personnel ou psichique* riporta un sottotitolo che è tutto un programma: *Educazione del pensiero e della volontà, per essere felici, forti, in buona salute e riuscire in tutto*.

Per Hector Durville il magnetismo personale permette a chiunque di noi, a prescindere dal genere, di entrare immediatamente in contatto con le energie che ci circondano e con le correnti positive che fluttuano nell'etere, dando la possibilità al magnetizzatore di compiere, anche a distanza, guarigioni straordinarie, all'artista e all'inventore di mettere in atto l'immaginazione creativa, all'imprenditore e all'artigiano di realizzare pienamente le competenze professionali. Così inteso, il magnetismo personale diventa sinonimo di forza psichica, di potere energetico, di capacità di influenza.

A continuare l'opera di Hector Durville fu suo nipote, Henri Durville. Direttore della *Scuola pratica di magnetismo*, anch'egli pose mano a un numero considerevole di libri intorno alla fenomenologia magnetica, alla pratica suggestiva, all'attività ipnotica. Parallelamente un altro nipote di Hector, Gaston Durville, medico di professione, portava avanti in materia di magnetismo ricerche più "positive", che sarebbero sfociate nella possibilità tecnica di fotografare le stesse emanazioni magnetiche.

All'interno della linea percorsa dai Durville si colloca il grande studioso di magnetismo umano Paul Clément Jagot, nato a Parigi nel 1889 e morto nella stessa città nel 1962. Di modeste origini familiari, Jagot sembrava destinato a diventare pittore su vetro; ma, grazie alla sua formidabile memoria, riuscì ancora giovane ad acquisire una solida istruzione studiando da autodidatta. Ciò gli permise di essere accolto prima tra gli allievi prediletti di Hector Durville, e successivamente tra i suoi più stretti collaboratori.

Accanto a Hector, Jagot ebbe modo di approfondire le sue conoscenze sul magnetismo e di divenirne un convinto e appassionato divulgatore.

Autore di alcuni libri di successo, tra i quali *Science occulte et magie pratique*, *Comment développer votre magnétisme personnel*, *L'influence à distance*, *Traité méthodique de magnétisme personnel*, Jagot profuse il suo impegno anche in altre discipline come l'astrologia, la chiromanzia, la fisiognomica, la grafologia, lasciando in ogni settore la sua impronta di studioso e di ricercatore intelligente.

Dal complesso degli studi compiuti in Francia tra Ottocento e Novecento emerge una visione moderna della pratica magnetica, il cui presupposto da cui occorre muovere è che il fenomeno magnetico non consiste e non può consistere nella trasmissione "meccanica" del fluido o dell'energia vitale, giacché il successo di una qualunque operazione magnetica, quale che sia l'oggetto o il soggetto da trattare, dipende essenzialmente dalla forza volitiva dell'operatore, dalle sue capacità psichiche, dal suo potere di proiezione mentale. Ne segue che l'agente predominante resta il cervello umano che, allenato e ben ordinato, crea delle immagini mentali, delle forme-pensiero, caricandole della potenza sufficiente per essere proiettate, senza far ricorso allo strumento verbale. Come scrive in tempi vicini a noi Gilbert Creola nel suo libro *Le magnétisme à la portée di tous*, "il magnetizzatore è un artigiano che pratica la sua arte grazie alla sua abilità manuale, alla sua potenza psichica e alla perfetta padronanza della sua tecnica". In campo scientifico, intorno agli anni Venti del secolo scorso, si rivelarono interessanti gli studi sul magnetismo umano condotti dal dott. Walter J. Kilner, direttore del reparto tecnico del St. Thomas Hospital di Londra e membro del Royal College of Phisician. Grande risonanza ebbe la pubblicazione di una sua ricerca su una forma di energia, apparentemente in grado di avvolgere e penetrare il corpo umano. Egli chiamò aura questa sorta di alone luminescente che riusciva a scorgere intorno al corpo dei suoi pazienti, distinguendola in interna ed esterna. Dalla descrizione del dott. Kilner l'aura interna si presenta con una larghezza costante che varia da quattro a otto centimetri e segue il contorno del corpo, mentre l'aura esterna assume una grandezza che varia notevolmente a seconda delle parti del corpo, sorpassando, intorno alla testa, di quattro centimetri lo spessore aurico delle spalle, e raggiungendo la larghezza di otto-dieci centimetri sui lati e dietro il tronco. Dalla ricerca emerge, inoltre, che in età infantile i maschi hanno l'aura interna larga quanto quella esterna e che le persone intellettualmente evolute possiedono intorno alla testa aure più grandi rispetto ad altre meno evolute; quest'ultima sottolineatura sembra giustificare gli aloni aurici

intorno al capo immaginati dall'arte sacra.

Intorno agli anni Cinquanta fece scalpore un sistema creato dal dott. De La Warr e dalla dott.ssa Ruth Drown, in grado di captare le radiazioni energetiche emanate dagli organismi viventi. Utilizzando una macchina fotografica con lastre appositamente preparate, essi riuscirono a mostrare la fotografia dell'aura di un seme in germinazione, dove si intravedevano i contorni della futura pianta, e ad esibire immagini di capelli appartenenti ad alcuni pazienti, nelle cui emanazioni auriche era possibile cogliere affezioni patologiche di un certo rilievo.

Sempre intorno alla metà del secolo scorso, il ricercatore e pranoterapeuta russo Viktor Inyushin, sulla base dei suoi studi condotti sull'energia universale, si fece sostenitore di un *quinto stato della materia*, da lui denominato *bioplasma*, la cui presenza è rintracciabile nel biocampo di ogni organismo. Secondo Inyushin, il bioplasma, formato da ioni, elettroni e protoni liberi, grazie alla sua particolare conducibilità permette di accumulare e trasferire energia nell'interno dell'organismo e fra organismi diversi; la sua concentrazione maggiore si rileva attorno al cervello e si può propagare a notevole distanza dal corpo. Con questi presupposti, il ricercatore russo riteneva di avere scoperto il fondamento scientifico della *pranoterapia*, in quanto tecnica di trasmissione energetica da un organismo ad un altro.

Sul piano sperimentale risultati sensazionali si ebbero alla fine degli anni Trenta in seguito ad una ricerca condotta intorno ai piani sottili dai coniugi Semion e Valentina Kirljan nell'ex-Unione Sovietica. Mentre, in qualità di perito elettronico, lavorava presso l'ospedale di Krasnodar, Semion Kirljan era riuscito a costruire una macchina fotografica in grado di ritrarre qualunque oggetto posto in un campo elettromagnetico ad alta frequenza. Nel corso delle sue sperimentazioni, dopo aver puntato la macchina sulla sua mano, vide con stupore nell'immagine scura una strana luminescenza che si propagava dalle punte delle dita. Preso da curiosità, volle proseguire le sperimentazioni, sia perfezionando la tecnica sia puntando l'obiettivo su oggetti di varia natura, tanto animati che inanimati. I risultati furono sorprendenti.

Una foglia appena raccolta apparve immersa in una sorta di aura luminescente, con la superficie cosparsa di puntini luminosi; con il passare dei giorni, la stessa foglia perdette progressivamente il suo alone aurico e i puntini luminosi diminuirono man mano fino a scomparire. A differenza della foglia e della mano, la fotografia di un pezzo di metallo mostrò soltanto un debole contorno luminoso e nessun punto di luce.

Nel prosieguo delle sperimentazioni, Kirljan ebbe modo anche di notare che l'aura emanata dalle mani variava di luminosità con il variare delle condizioni di salute del soggetto: più viva e brillante in stato di buona salute, più fioca e poco brillante in stato di malattia.

Gli esperimenti condotti da Kirljan ebbero un seguito ad opera di valenti studiosi a partire dagli anni Cinquanta con tecniche sempre più perfezionate e con risultati sempre più probanti; sul piano concreto, sembrava prendere corpo l'ipotesi del *bioplasma*, avanzata qualche decennio prima dal pranoterapeuta Inyushin.

Il metodo Kirljan suscitò grande curiosità anche negli Stati Uniti, dove un gruppo di ricercatori della Stanford University, guidato dalla psicologa Thelma Moss, pose mano a sperimentazioni fotografiche sulle mani di alcuni *guaritori*, dalle quali emerse una particolarità non riscontrata in via ordinaria, consistente nel fatto che intorno ai polpastrelli si coglieva una corona di luce pulsante, in prossimità o in corso di trattamento terapeutico.

Parallelamente alle sperimentazioni e alle ricerche sull'aura umana, la scienza positiva si è occupata e si occupa a tutt'oggi dei fenomeni paranormali e delle cosiddette guarigioni *miracolose*. Negli Stati Uniti, intorno agli anni Trenta, un gruppo di studiosi pose mano ad una ricerca approfondita su taluni fenomeni di *percezione extrasensoriale*, in particolare su dei fenomeni di telepatia, di chiaroveggenza e di precognizione. La conclusione della ricerca, anche se in termini ipotetici, fu che la materia può essere influenzata dalla *mente*.

Tale ipotesi, scientificamente sconvolgente, venne formulata in seguito all'osservazione reiterata di un giocatore di dadi, che mostrava la capacità di determinare l'uscita della stessa faccia di un dado in percentuale di gran lunga superiore a quella giustificata dal calcolo delle probabilità. Per definire tale fenomeno venne coniata la parola *psicocinesi*, un neologismo che sta a indicare il *movimento* impresso a un oggetto attraverso l'irradiazione mentale.

Negli anni più vicini a noi, la ricerca può avvalersi di apparecchiature più sofisticate. È il caso della *macchina di Schmid*, un congegno composto da uno schermo e da nove lampadine che si accendono in ordine casuale in seguito al processo di decadimento radioattivo degli atomi di stronzio 90 in esso contenuti; l'ordine dell'accensione è assolutamente imprevedibile, del tutto accidentale. L'esperimento di psicocinesi consiste nell'influenzare, con la forza del *pensiero*, il decadimento radioattivo, provocando l'accensione delle lampadine secondo un ordine prestabilito. Dai numerosi esperimenti con esito positivo è stata dedotta la conclusione che i fenomeni di guarigione per influenza a distanza fossero dovuti all'azione psicocinetica dei guaritori. Se si è in grado con la mente di influenzare fenomeni fisici semplici (come l'accensione delle lampadine), lo si può anche su un sistema complesso, quale può essere il corpo umano, le cui parti, se considerate separatamente, sono costituite anch'esse da molecole e da atomi. Di qui il proseguimento della ricerca da parte di scienziati liberi da pregiudizi e desiderosi di saperne di più.

Così, dai bersagli inorganici la ricerca si è spostata su bersagli organici, prima sui soliti topi e poi sugli individui umani. Di grande valore teorico resta l'esperimento effettuato nei laboratori della Mc Gill University di Montreal dal dott. Grad e dal pranoterapeuta Oskar Estebany, il quale aveva iniziato la sua attività di guaritore durante il servizio militare curando i cavalli. I soggetti della prova di laboratorio furono 48 topi femmine della stessa razza e della stessa età, ai quali, dopo averli anestetizzati, era stato asportato dal dorso un piccolo lembo di cute. Gli animaletti furono divisi in tre gruppi, uno solo dei quali fu sottoposto all'azione di Estebany, che consisteva in applicazioni pranoterapiche di 15 minuti, per due volte al giorno e per cinque giorni alla settimana; il secondo gruppo fu sottoposto a un trattamento che simulava il calore sprigionato dalle mani del guaritore; al terzo gruppo non fu fatta alcuna applicazione. Dopo due settimane, il gruppo dei topi curato da Estebany presentava le ferite completamente rimarginate, mentre quelle degli altri due gruppi risultavano ancora aperte. Considerati i risultati ed esclusa l'incidenza statistica della casualità, il dott. Grad trasse la conclusione che la canalizzazione energetica operata dal guaritore avesse accelerato la cicatrizzazione delle ferite.

Esiti ugualmente positivi si ebbero nella cura sperimentale di topi affetti dal gozzo, con il sorprendente risultato che le guarigioni avvenivano sia attraverso la cura magnetica diretta che con quella indiretta. A fronte di alcuni topi trattati con l'imposizione diretta delle mani, per altri l'intervento consisteva nell'introdurre nelle loro gabbiette alcuni tamponi di cotone idrofilo precedentemente *magnetizzati* da Estebany.

Queste prove di laboratorio suscitarono una viva curiosità nell'ambiente scientifico in senso lato e si volle sapere di più sulla forza guaritrice dei pranoterapeuti. Fu la biologa Justa Smith a sottoporre all'influenza di Estebany parti del corpo umano in cui si producono processi di attività enzimatica, scegliendo come bersaglio della prova la tripsina, un enzima secreto dal pancreas per la digestione delle proteine. L'effetto prodotto dall'imposizione delle mani fu paragonabile a quello di un campo magnetico di tredicimila Gauss, e si suppose perciò che l'influenza del guaritore desse luogo a una qualche forma di campo magnetico; ma questa ipotesi cadde quando gli esperimenti non rilevarono alcun campo magnetico. Di fronte ai dati di laboratorio, Justa Smith, pur constatando l'esistenza di una forza capace di influenzare processi di natura biologica, era tuttavia costretta ad ammettere che tale forza non era misurabile, né tanto meno spiegabile con i mezzi scientifici a disposizione.

Si fecero ulteriori tentativi nella stessa direzione, sottoponendo a prova sperimentale persone affette da patologie diverse; ma gli esiti degli esperimenti non portarono a risultati scientificamente probanti. Risultati più accettabili, se non completamente attendibili, si ebbero da un esperimento condotto dalla dott.ssa Krieger e dal solito Estebany su diciannove pazienti con carenza di emoglobina. La prova di laboratorio prevedeva per la durata di sei giorni il solo trattamento pranoterapico, con sospensione di qualsiasi altra terapia; era evidentemente previsto il rilievo dei valori dell'emoglobina prima e dopo la *cura magnetica*. I risultati dell'esperimento furono ritenuti molto positivi, in quanto per tutti i pazienti si ebbe un deciso aumento del tasso di emoglobina.

Anche questa volta, però, pur risultando palese l'effetto

dell'influsso magnetico del guaritore, non si aveva in mano alcun elemento per misurare o anche solo per definire la misteriosa forza sprigionata nel corso del trattamento. Va da sé che le difficoltà incontrate dalla scienza positiva nella spiegazione dei fenomeni *paranormali*, e quindi anche delle "guarigioni" magnetiche, potrebbero o potranno essere superate allorché essa (scienza) sarà pervenuta ad una *corretta* conoscenza dell'energia che si sprigiona dal magnetismo umano.

In materia energetica, i tipi di energia scientificamente a noi noti sono a tutt'oggi la *forza di gravità* e l'energia elettromagnetica, ma anche le forme di energia che gli scienziati chiamano *interazioni forti e interazioni deboli*. Quanto all'*elettromagnetismo*, esso compendia in sé numerose forme di energia radiante, che vanno dai raggi cosmici alle onde televisive e radiofoniche, fino alle bassissime frequenze delle onde individuate durante l'attività cerebrale; e sono proprio queste ultime che sono state studiate di recente da taluni ricercatori, nel tentativo di trovare un supporto nella trasmissione a distanza del pensiero.

In anni relativamente recenti, il neurologo italiano Ferdinando Cazzamalli (1887-1958), cofondatore della Società Italiana di Metapsichica, dopo una serie di esperimenti, avanzò l'ipotesi che il cervello umano fosse in grado di produrre onde radio, e che queste fossero la spiegazione delle comunicazioni telepatiche; ma successive ricerche smentirono questa ipotesi, giacché fu rilevato che potevano essere indotti all'ipnosi a grandissima distanza soggetti rinchiusi in stanze appositamente schermate.

Evidentemente, la scienza positiva continua la sua ricerca. Qualcuno, libero da pregiudizi e con vocazione all'indagine sui piani sottili della realtà, mette le mani avanti e sostiene che la difficoltà maggiore, incontrata dalla scienza nel trovare il bandolo della matassa, sta nelle limitate conoscenze di cui essa dispone sul funzionamento del corpo umano e, soprattutto, sul funzionamento della *mente* umana.

Capitolo II

I PRESUPPOSTI MAGNETICI DELL'ASPIRANTE MAGO

NOTAZIONE PRELIMINARE

Dopo aver tratteggiato il percorso storico della magia bianca sul piano fenomenologico, lungo il quale si è avuto modo di incontrare personaggi straordinari, che si sono caratterizzati per l'alto livello magnetico dimostrato in campo operativo, soprattutto in veste di guaritori, riteniamo opportuno fornire delle indicazioni sui presupposti ineludibili che non possono non contrassegnare il quadro identitario di chiunque voglia aspirare a utilizzare il proprio potenziale magnetico (o energetico) nella nobile attività di influenza positiva. Essendo la magia bianca, per definizione, capacità di proiezione mentale orientata a influenzare positivamente sia per fini terapeutici che per caricamento energetico puro e semplice, come presupposto di base non può che essere l'attività di pensiero validamente sostenuta dall'impulso volitivo; ma, perché l'energia mentale possa raggiungere il bersaglio, non possono far difetto la padronanza di sé e l'equilibrio energetico, unitamente ad uno stato alto di igiene fisica e psichica. Sono i cosiddetti presupposti magnetici che distinguono l'individuo ordinario dall'individuo magnetico, dall'individuo, cioè, abilitato a mettere a disposizione del prossimo le proprie risorse energetiche. Quanto all'identikit che ne emerge, incominciamo col dire che, al di là della sua bellezza o bruttezza, secondo i comuni canoni estetici, il suo aspetto esteriore gode di una particolare armonia, giacché dal suo fisico si sprigiona sempre un'impressione piacevole; nessuno nota i suoi difetti, ma al contrario ciò che egli ha di meglio si impone stranamente allo sguardo. Dai suoi occhi emana uno splendore che affascina dolcemente, la sua voce seduce l'orecchio, il suo portamento possiede al contempo sobrietà e naturalezza. La sua presenza sembra impregnare l'ambiente circostante di una irradiazione penetrante. È sufficiente essergli accanto per provare una singolare sensazione di benessere, di straordinaria calma interiore.

Quando si è in compagnia dell'individuo magnetico, si ha il sentimento di trovarsi al cospetto di un essere "in riposo"; egli, infatti, con estrema naturalezza suscita l'impressione che abbia in sé una "forza di riserva", ma non si sa di preciso come e dove la possieda. È una forza che non sembra risiedere né nel suo sguardo, né nei suoi modi, né nel suo linguaggio, ma che tuttavia esiste e costituisce di lui parte integrante. Le sue parole hanno l'aria di possedere un'autorità particolare; la sua voce, il suo sguardo, il suo sorriso, anche quando egli mostri di non attribuire importanza a quanto dice, incantano e seducono, lasciando comunque delle tracce indelebili.

Se si osserva il suo sguardo, ci si rende conto che i suoi occhi dominano senza che guardino fissamente; il suo sguardo, infatti, non fissa l'interlocutore negli occhi ma nella zona frapposta tra le due pupille. Egli ascolta garbatamente e presta attenzione a quanto gli viene rivolto, non mostrando mai fastidio o impertinenza. È sempre cortese, ma dietro alla sua calma è come se si celasse una volontà indomabile, una potenza imperiosa; se ne ricava l'impressione di trovarsi di fronte ad una persona che "sa" esattamente ciò che vuole. Quello che dice non sembra in apparenza avere grande importanza; pur tuttavia nulla della sua conversazione appare vacuo e pretenzioso. Mentre parla, egli fa sentire che se volesse potrebbe dire molto di più, suscitando per conseguenza la curiosità e lasciando attorno a sé un'aria di mistero.

Una volta che si è fatta la sua conoscenza, si è presi da un forte desiderio di rivederlo, per poterne riascoltare la voce e forse scoprire le sue effettive capacità e il segreto del suo fascino. La sua simpatia, misteriosa e indefinibile, esercita un inspiegabile dominio, e anche dopo essersi congedati o allontanati da lui è quasi impossibile sottrarsi alla sua influenza. Se si è entrati nella sua sfera, anche da lontano si avverte interiormente un irresistibile impulso a piacergli, ad esaudire tutto ciò che egli desidera ottenere, come se si obbedisse ad una volontà superiore che agisce a distanza, suscitando sentimenti, desideri, tendenze.

Da queste connotazioni si evince che il "mago bianco" non può che essere l'individuo magnetico, colui che possiede consapevolmente il magnetismo personale, che, a detta dei Maestri, costituisce il più prezioso e il più durevole di tutti i beni. Con un sufficiente grado di magnetismo, una persona di modeste condizioni può avere la costante certezza di vivere in maniera agiata, circondata in permanenza dalla stima e dalla considerazione di tutti, di godere di una buona salute fisica e psichica, di condurre in armonia la propria esistenza. E la strada del magnetismo personale, si sottolinea ad ogni latitudine, è aperta a tutti, e tutti sono in grado di raggiungere un certo livello di potenza magnetica in un tempo più o meno breve. Ma in questo mondo, e probabilmente anche nell'altro, tutto ciò che si acquista in misura stabile e duratura si acquista sempre in contanti; non sono ammessi sotterfugi né aggiramenti. Così come nel campo della materia l'acquisto di un bene costa impegno e fatica, in campo psichico (o spirituale) la conquista di determinati poteri e facoltà si paga con i desideri intensi, con gli sforzi ripetuti, con gli esercizi prolungati, con la perseveranza dei comportamenti, con i pensieri disinteressati, con le meditazioni pure ed elevate.

PADRONANZA DI SÉ

I Maestri parlano della *padronanza di sé* come di uno stato di coscienza particolare, di una speciale condizione psichica e mentale, grazie alla quale l'uomo fa *sempre* tutto ciò che vuole e *mai* nulla di ciò che non vuole. È quella condizione di forza e di potere che pone l'individuo che la possiede al di sopra degli altri, fornendogli il privilegio di economizzare al massimo la propria energia per utilizzarla nel modo più vantaggioso possibile.

Quanto alle connotazioni che contraddistinguono l'uomo che è *compos sui*, che ha la piena capacità di intendere e di volere, si può in primo luogo rilevare che egli sa mantenere il sangue freddo in ogni circostanza, che nel momento del pericolo non solo è in grado di conservare integre le proprie forze, ma diviene ancora più forte di quanto non lo sia normalmente, giacché, quasi istintivamente, si rende conto di dover raccogliere tutte le sue energie per salvare se stesso e gli altri. Solitamente, non ha paura di niente e, senza sconfinare nella temerarietà, si dimostra sempre audace e coraggioso. Di ogni cosa discute il pro e il contro, e non si lascia mai prendere dall'impulsività o dalla collera. Fa sempre ciò che vuole del suo tempo e della sua persona, in piena autonomia e senza subire minimamente l'influenza degli altri.

Costantemente lucido e pienamente consapevole dei propri poteri, il padrone di sé non fa mai pesare la sua presenza; semplice e modesto, affronta tutto con calma, riflettendo questo suo tratto distintivo nella gestualità, nell'atteggiamento, nel modo di fare. Soddisfatto della propria situazione, qualunque essa sia, si mostra sempre fermo e determinato, concentrando il suo pensiero sull'atto che compie, anche il più banale, nel momento stesso in cui lo compie, senza lasciarsi distrarre o divagare. Costantemente attento a quanto accade nel suo paese e nel mondo, non si lascia irretire dalle ideologie di massa e rifiuta qualsiasi forma di fanatismo, politico o religioso che sia. Segue i telegiornali e legge i giornali per tenersi al corrente degli avvenimenti quotidiani, mettendo a confronto le diverse interpretazioni e facendosi di tutto una propria opinione.

Ma la padronanza di sé non è un regalo che arriva dall'alto, è il risultato di una conquista e di un percorso evolutivo; al riguardo i Maestri avvertono che nello psichismo vi è una legge a cui non è possibile sottrarsi: le grandi acquisizioni sono sempre precedute dalle piccole conquiste. Per questa ragione, risulta indispensabile, per chi vuole intraprendere la strada del potenziamento magnetico, partire dai piccoli risultati, giacché non esigono né molto impegno di tempo né esercizi speciali, ma soltanto un sufficiente interesse e una dose adeguata di attenzione. In possesso di tante piccole acquisizioni, che sono altrettante piccole vittorie su se stessi, si è pronti e preparati per raggiungerne di più grandi.

Scendendo nel dettaglio, vediamo da vicino in che cosa consistono le prime piccole vittorie allorché si è dato avvio al percorso evolutivo. Si può iniziare dal controllo dei nostri sensi, dei nostri movimenti fisici, della nostra intrepidezza o della nostra indolenza, dei nostri impeti d'ira, del brusco cambiamento di idea o di decisione, delle nostre esitazioni e delle nostre paure infantili, per passare al controllo dei nostri pensieri di odio e di vendetta, delle nostre passioni e dei nostri difetti, e anche di quelle mille abitudini che comportano un inutile dispendio di energia sia a livello fisico che a livello psichico. Cominciamo quindi con qualche consiglio su come ottenere il dominio sui nostri cinque sensi, partendo dalla vista e dall'udito.

Lo sguardo, come è noto, ha un potere formidabile, e lo sguardo schietto, calmo, penetrante, è quello che rende i migliori servigi; occorre, perciò, abituarsi a guardare in modo franco e dolce, ma anche con piglio sicuro e determinato. Nella conversazione, si prenda la buona abitudine di guardare l'interlocutore sempre con dolcezza e mai con occhio fisso. Turnbull ci suggerisce di guardare il nostro interlocutore alla radice del naso, tra i due occhi, se siamo noi a parlare, e di portare il nostro sguardo sul suo petto o poco sotto, se è lui che ci sta parlando. In linea generale, i Maestri consigliano di appuntare la nostra vista sulle cose belle e gradevoli, sia per ammirarle che per conservarne il ricordo, e di non soffermare mai lo sguardo sulle cose brutte e sgradevoli.

Quanto all'udito, risulta assolutamente necessario abituare i nostri timpani a tutti i rumori ai quali siamo costantemente esposti, al semplice scopo di non esserne spiacevolmente impressionati. In funzione di ciò, si suggeriscono dei piccoli esperimenti, a cui dovrà accompagnarsi una altrettanto piccola riflessione. Si provi, ad esempio, ad andare negli ambienti in cui sono avvertibili rumori sgradevoli, con la ferma convinzione di non subirne alcun disturbo; con nostra grande meraviglia si constaterà che rumori ancora più intensi di quelli che ci infastidiscono abitualmente non ci produrranno alcun incomodo. Se si ha paura dei tuoni, si apra la finestra durante un temporale e ci si dica mentalmente che anche i rombi più terribili non ci procureranno il minimo sobbalzo; anche questa volta, il risultato sarà sorprendente. Agli esperimenti facciamo seguire una breve riflessione, suscitando in noi la convinzione che non sobbalzeremo più in presenza di rumori improvvisi; nel giro di qualche tempo tale idea si sarà consolidata nella nostra mente, e qualsiasi rumore, lontano o vicino che sia, non ci farà più trasalire.

Quanto all'olfatto, diciamo subito che quasi tutti gli odori, che risultano gradevoli alla gran parte di noi, sono nocivi; per tale ragione, dobbiamo accogliere il consiglio di non tenere in camera da letto fiori o certi frutti, come le arance, per la nocività dei profumi che emanano. Per contro, odori fortemente sgradevoli, come quelli del fritto di cipolla, dell'aglio o del formaggio pecorino, non sono affatto dannosi; si sosti pertanto sulla porta della cucina mentre frigge la cipolla o l'aglio, e si abbia riguardo per il forte odore che si sprigiona da un bel pezzo di formaggio pecorino. Dopo le prime prove, tutti questi odori, anche se non diverranno gradevoli, sicuramente ci lasceranno indifferenti; ed è quanto si richiede ad un sufficiente dominio dell'odorato.

Passando al quarto senso, si è soliti dire che il gusto è il portiere dello stomaco. Ciò non sempre è vero, giacché si può ben digerire una vivanda sana che non ci piace, mentre ci si può ammalare con dei cibi avariati che ci piacciono al palato o ci si può intossicare con dei funghi velenosi, ma deliziosamente gustosi.

Al di là, comunque, delle nostre preferenze a tavola o della digeribilità di cibi che amiamo o non amiamo, se si vuole padroneggiare il senso del gusto, occorre abituare il nostro palato a gradire o a restare indifferente a qualsiasi alimento e acquisire la convinzione che qualsiasi sostanza commestibile, una volta assunta, sarà facilmente digerita.

Quanto al tatto, esso ci fa percepire la forma e la consistenza degli oggetti che tocchiamo; acquisire la padronanza di questo senso significa potenziarne il grado di percettibilità, affinarne progressivamente la funzione, sviluppare delle vere e proprie antenne, capaci di cogliere al minimo contatto con le cose le loro peculiarità fisiche, quelle che Democrito prima e Galilei dopo denominarono "qualità oggettive".

Alla padronanza dei nostri sensi dovrà aggiungersi il dominio dei nostri movimenti, al fine di evitare sperperi inutili di energia e di forza muscolare. Ogni nostro movimento volontario dovrà avere una precisa motivazione e una specifica finalità di utilità e convenienza, ma saranno soprattutto i movimenti involontari che bisognerà controllare. Occorre, ad esempio, impedirsi di battere o di tamburellare con le dita su un tavolo, su una sedia o su un oggetto qualunque. La cosa, in apparenza di poco conto, denota nervosismo e pertanto comporta una perdita di energia; con la soppressione dell'innocuo "divertimento" si evita questa perdita e ci si abitua a controllare i nervi. Bisogna ugualmente impedirsi di martellare il suolo con la punta o il tacco delle scarpe e di dondolare il piede o la gamba quando si è seduti da qualche parte.

Sono abitudini, queste, molto comuni, specialmente quando si legge o si studia, quando si è in ascolto o semplicemente quando si è sovrappensiero. Per alcuni soggetti si tratta di un condizionamento talmente tirannico che riesce loro impossibile leggere o studiare senza dondolare sistematicamente il piede. È anch'esso un modo d'essere che denuncia nervosismo; eliminandolo, si evita che una notevole quantità di energia venga dispersa a causa della mancanza di controllo.

Per le stesse ragioni occorre impedirsi ogni dondolio della testa o del corpo, ogni contorsione del viso, delle labbra, della bocca, ogni forma di stiramento, di strabuzzamento o sbattimento anormalo delle palpebre; si tratta di tutti quei movimenti che, sfuggendo quasi totalmente al nostro controllo, solitamente si verificano quando si scrive, si disegna o si è impegnati in lavori esecutivi, ma anche quando in silenzio si ascolta un brano musicale o si assiste a un programma televisivo.

Allo stesso modo, bisogna evitare di mordersi le labbra, di rosicchiarsi le unghie, di succhiare i denti, giacché anche questi movimenti, involontari e spontanei, compiuti per meccanismo automatico o per riflesso condizionato, non solo comportano un dispendio inutile di energia, ma risultano sgradevoli a quanti ci stanno vicino o semplicemente ci osservano; la medesima valenza negativa può essere attribuita, sul piano magnetico, a quella diffusa abitudine di masticare il chewinggum, che non risparmia neanche gli attempati e milionari allenatori di calcio della serie A o gli addestratori di rango delle diverse discipline sportive.

Altra misura da prendere è quella di evitare di ridere o anche di sorridere a sproposito; il riso incontrollato è un indubbio segno di debolezza fisica e di fragilità psichica, ma anche un'involontaria maschera sotto cui si nasconde molto spesso l'insicurezza o l'inautenticità della persona. È il caso di attrici di cinema o di teatro, belle e brave sul piano professionale, ma molto fragili e fortemente insicure nella vita ordinaria fuori dal set o dal palcoscenico.

Altro elemento che contraddistingue la padronanza di sé è il nostro atteggiamento mentale verso il mondo e verso la vita. Quello dell'atteggiamento mentale è un tema che si affronta raramente, giacché il più delle volte, nel formulare un giudizio sia su di noi che sugli altri, ci si limita a considerare connotazioni precise e concrete, quali il carattere e il temperamento, senza valutare con la dovuta attenzione che è proprio nell'atteggiamento mentale che si rivelano di fatto le nostre qualità e i nostri difetti; si può senz'altro affermare che l'atteggiamento mentale è ciò che determina il tono generale delle nostre azioni, tono che è assolutamente personale. I Maestri ci avvertono che l'essere felici o infelici nella vita dipende essenzialmente dal nostro comportamento mentale.

Prescindendo da ogni questione di ordine morale, ossia da ogni apprezzamento in termini di merito e di demerito, gli atteggiamenti mentali possono distinguersi fondamentalmente in atteggiamenti positivi e in atteggiamenti negativi; ed è sulla base di tale distinzione che è possibile condurre talune osservazioni sull'atteggiamento che assumiamo verso noi stessi, verso gli altri e in generale verso il mondo e la vita.

In psicologia l'atteggiamento negativo verso se stessi viene denominato *complesso di inferiorità*, che spesso si combina, nei casi più gravi, con il *complesso ansioso*. Essendo a tutti noto il terribile svantaggio che esso comporta nella vita di un individuo, vediamo come riuscire a sbarazzarsene. Partendo dal presupposto che il complesso di inferiorità non ha una genesi di natura intellettuale, ma emotiva, esso può essere definito un *sentimento*, emotivamente analogo a ciò che si avverte quando si ascolta con eccessiva attenzione il battito del proprio cuore. Data la sua particolare connotazione, il solo metodo efficace per combattere il complesso di inferiorità è di adottare verso se stessi un atteggiamento *emotivamente* neutro, trattando se stessi come una terza persona, simpatica e amabile quando si vuole, ma *indifferente* al punto da poter cogliere difetti e qualità senza alcun coinvolgimento, né di gioia, né di dolore.

Di certo la neutralità emotiva non la si trova all'angolo della strada, occorre conquistarsela con un paziente allenamento e una costante sorveglianza su di sé; una volta raggiunta, però, essa assicura immensi vantaggi. In primo luogo abolisce la timidezza, abituale e ordinario sottoprodotto del complesso di inferiorità; e poi, in linea generale, aumenta notevolmente la possibilità di successo nella vita. Ad ognuno è dato sperimentare che si riesce molto più facilmente in un affare agendo per conto terzi che per conto proprio; emotivamente neutri verso noi stessi, avremo la possibilità di trattare le nostre faccende personali come se parlassimo e agissimo per una terza persona, e di ciò non tarderemo ad apprezzare gli indubbi risultati.

Quanto all'atteggiamento negativo verso gli altri, in moltissimi casi esso si manifesta in atti contrari alla morale comune e, non raramente, alla legge penale. In questa sede, i casi che possono interessarci sono quelli in cui l'atteggiamento negativo provoca dei gravi inconvenienti personali e sociali; e la forma più frequente, quando non siamo in presenza di illeciti penali o di azioni moralmente riprovevoli, prende la denominazione di cattivo carattere. Le manifestazioni classiche del *cattivo carattere* sono perlopiù la *collera* e il *cattivo umore.*

Quanto alla collera, il soggetto che ne è affetto rappresenta un tipo psicologico ben preciso, dalle connotazioni ben definite persino sul piano fisico. Quasi sempre agitato e costantemente preoccupato, l'individuo collerico ha il colorito piuttosto pallido, gesti rapidi e poco controllati, un eloquio poco lineare, frequentemente prolisso e non sufficientemente chiaro; generalmente magro, ha il viso lungo, il naso convesso e appuntito, le labbra sottili, le mani secche e fredde, le dita lisce e allungate. È un identikit, questo, che non si discosta molto da quello delineato nel V secolo avanti Cristo dal medico scienziato Ippocrate di Cos, sui cui precetti giurano anche i medici del nostro tempo (il famoso giuramento di Ippocrate). I Maestri considerano la collera un atteggiamento indegno di un uomo che si rispetti, pur distinguendo la collera vera ed effettiva dalla finta collera a cui talvolta, nel nostro attuale sistema di vita, è necessario ricorrere per farsi ubbidire o per richiamare l'attenzione degli apatici e degli indolenti; in qualche antico racconto di celebri yogi non è infrequente leggere l'enigmatica frase: "Ha fatto finta di andare in collera". Così, si potrà far finta di andare in collera, purché in casi eccezionali e quando tutti gli altri mezzi saranno risultati inefficaci, e solo a condizione di non provare realmente questo impulso degradante.

Il cattivo umore, pur presentandosi come una forma attenuata della collera, è un atteggiamento subdolo che riesce non solo a farsi accettare, ma addirittura a suscitare moti di ingiustificata indulgenza e non di rado sentimenti di simpatia. Nonostante l'apparenza, il cattivo umore arreca danni incalcolabili sia sul piano individuale che sul piano sociale; esso complica inutilmente la vita ed è responsabile di un gran numero di esistenze infelici e irrecuperabilmente rovinate; aggrava le pene e amareggia le gioie, contribuisce a seminare e a ingenerare dissensi più di quanto non possano le collere più violente, in quanto, a differenza di queste, che sono contingenti e transeunti, il cattivo umore si inocula a piccole dosi, alla stregua di un veleno ad azione lenta, ma efficace.

Si ritiene comunemente che il cattivo umore si possa accompagnare alla bontà d'animo; ma ciò è impossibile, giacché le sofferenze che il soggetto umorale riesce a infliggere alle persone che lo circondano sono di tale gravità che non potrebbero in alcun modo essere compensate o semplicemente attenuate da ipotetici atti di bontà episodicamente compiuti.

Alla base di qualunque tipo di cattivo umore vi è un sordido desiderio di far espiare agli altri lo scontento che si ha di se stessi, ma solo se questi altri sono in stato di inferiorità e perciò incapaci di eventuale rivalsa o di possibili rappresaglie; l'individuo umorale è quasi sempre un vigliacco che si sfoga e se la prende con i più deboli e si frena e si controlla in presenza dei forti. La base su cui si fonda il cattivo umore è la negazione della dignità dell'altro, ma presuppone, a livello inconscio, una scarsa considerazione di sé e della propria dignità.

Essendo il cattivo umore un difetto nefasto per sé e per gli altri, se lo si possiede, occorre fare di tutto per liberarsene; e il metodo migliore per conseguire il risultato è quello suggerito dallo Hatha-Yoga: l'*opposizione dei contrari*. Nel caso del cattivo umore, il suo contrario è il *buon umore*; di conseguenza si cercherà di essere sempre di buon umore, in qualunque circostanza, qualunque cosa accada. A sostegno di questo cambiamento di rotta risulteranno molto utili gli esercizi di rilassamento muscolare, partendo dal presupposto elementare che le persone di buon umore sono "distese", mentre quelle di cattivo umore sono "contratte". Sono specialmente i muscoli del viso e delle mani che sono distesi nel primo caso e contratti nel secondo; per cui, se ai primi sintomi di cattivo umore si procederà al rilassamento dei muscoli del viso e delle mani, non solo tutto si dissolverà come d'incanto, ma ritornerà il sorriso, e insieme al sorriso farà la sua comparsa il buon umore. A questo riguardo ci viene in aiuto un aforisma buddhista: "Semina un pensiero, raccogli un'azione; semina un'azione, raccogli una reazione; semina una reazione, raccogli un'abitudine; semina un'abitudine, raccogli un atteggiamento; semina un atteggiamento, raccogli un destino".

L'aspirante mago (bianco), il quale per definizione dovrà coltivare l'attività di pensiero e la forza volitiva, ha già nel suo percorso evolutivo gli strumenti necessari per dar corso alla realizzazione del sapiente aforisma.

Il quadro illustrativo della *padronanza di sé* non può non comprendere il controllo dell'istinto sessuale, il quale, oltre a potenziare la resistenza del nostro organismo, esercita un'influenza considerevole sul nostro psichismo; i Maestri avvertono che il nostro potere magnetico aumenta in misura proporzionale al prolungamento della "castità". Il principio della castità è forse quello che la nostra mentalità di occidentali accetta meno volentieri, e a ragione, perché nessuno di noi è disposto ad abbandonare di punto in bianco abitudini e costumi, che non solo rispondono a precise esigenze fisiologiche, ma anche a delle necessità di natura psicologica e perfino mentale. Ci si può chiedere allora in che modo possiamo, noi occidentali, soddisfare alla condizione della castità. La risposta dei Maestri è semplice: liberandoci da ciò che lo HathaYoga definisce "parassitismo sessuale".

Non si tratta quindi di eliminare dalla nostra pratica di vita l'attività sessuale, ma di esercitare il controllo volontario della sessualità. In altri termini, ciò che bisogna evitare è la degenerazione parassitaria della funzione sessuale; degenerazione che del resto distingue l'individuo umano dalla maggioranza degli animali, nei quali le manifestazioni dell'istinto di riproduzione sono circoscritte, in periodi e condizioni particolari, a perpetuare la specie. Al di fuori di specifici periodi dell'anno e di certe condizioni, la generalità degli animali, infatti, continua a vivere come se fosse asessuata; probabilmente anche l'uomo, in altri tempi, quando viveva in maggiore prossimità con la natura, doveva avere un simile comportamento.

Oggi, per la maggior parte degli individui, la soddisfazione delle esigenze ipertrofiche di un sistema genitale parassitario occupa un ruolo di primissimo piano e ha la precedenza su qualsiasi altra considerazione di ordine personale, familiare o sociale. L'aspetto maggiormente negativo del parassitismo sessuale è che esso esercita la sua influenza deleteria non soltanto sul piano fisico, ma anche sul piano mentale, riducendo in suo potere tutte le forze vive dello spirito. Per la scienza del magnetismo, tale lussuria mentale, che può benissimo coesistere con un'apparente castità, risulta più pericolosa e più degradante della lussuria fisiologica.

Per chi intraprende la strada del magnetismo e intende avviarsi consapevolmente alla pratica della "magia bianca", non si tratta quindi di astenersi materialmente dalla soddisfazione dell'istinto sessuale (istinto assolutamente naturale), ma di astenersene cerebralmente; occorre, cioè, che l'istinto sessuale venga riportato alle sue funzioni e nei suoi limiti naturali. I Maestri dello Hatha-Yoga ci suggeriscono al riguardo una regola assoluta: "Non pensare mai all'atto sessuale al di fuori dell'atto stesso".

Una tale disciplina ci aiuterà a mantenere all'atto sessuale il suo carattere di funzione episodica, impedendogli di trasformarsi in una necessità imperiosa e permanente, causa di un enorme spreco di energia e di forza mentale in malsane e dannose fantasie sessuali.

EQUILIBRIO ENERGETICO

Tra i presupposti del magnetismo personale occupa un posto essenziale quel congegno che funge sia da accumulatore che da proiettore dell'energia vitale, e senza il quale resterebbe inspiegabile il funzionamento stesso della vita e dell'attività umana. Si tratta di ciò che nella Tradizione occulta ed esoterica prende la denominazione di chakra, un termine sanscrito, la cui traduzione letterale sarebbe ruota o disco girante. I chakra, infatti, vengono rappresentati come ruote con un numero variabile di raggi, o come fiori di loto con un numero variabile di petali. Non raramente, vengono rappresentati come imbuti con le aperture che si estendono fino alla regione aurica che circonda il nostro corpo.

Al di là dei simboli e della loro rappresentazione, i chakra sono unanimemente considerati centri di forza, ognuno con un proprio corrispondente nei vari piani di cui si compone l'entità uomo: fisico, eterico, astrale, mentale, causale...

Dal punto di vista dottrinario, le varie culture e tradizioni registrano modelli differenziati, ciascuno dei quali riconosce un certo numero di chakra principali. Si va dal sistema che riconosce tre soli centri, quello della testa, come sede dei pensieri, del cuore, come sede dei sentimenti, e dell'ombelico, come sede delle altre forze energetiche, ai modelli tibetani che, a seconda della scuola spirituale a cui si riferiscono, considerano tre, quattro, cinque fino a nove centri principali, al modello classico, che ne considera sette, al modello di alcune tribù indiane d'America che ne considera dieci.

Da parte delle diverse dottrine si conviene comunque che i chakra e i canali energetici ad essi collegati sono di natura sottile, e non corrispondono né alle diramazioni nervose e ai plessi relativi, né ai meridiani e ai punti dell'agopuntura, i cui flussi, provenendo da sistemi meno sottili, sono misurabili con la strumentazione sofisticata di cui oggi si dispone; i flussi dei chakra non sono invece misurabili, di certo non con i mezzi tecnici attualmente conosciuti o riconosciuti dalla scienza ufficiale.

Nel novero dei modelli, il sistema classico dei *sette* chakra è quello più vicino alla nostra cultura, giacché nella disposizione gerarchica in cui essi sono collocati ritroviamo il *sotto* e il *sopra* della tradizione occidentale: i cinque chakra inferiori sono posizionati più vicino alla terra, sono in rapporto con gli aspetti più pratici della vita, con l'azione e il movimento; i due chakra superiori rappresentano invece aree mentali e funzionano, sul piano simbolico, attraverso le parole, le immagini, le idee.

Ogni chakra possiede una propria frequenza vibrazionale: il livello più basso si trova nel *Muladhara*, primo chakra, il livello più alto nel Sahasrara, il settimo chakra situato alla sommità del capo. L'energia vitale si distribuisce lungo i chakra mediante una rete di canali (*nadi*) che ne promuovono il flusso. Da parte dei Maestri si conviene che in tutto il corpo siano sparsi circa 72.000 nadi, ma di questi sono tre quelli che governano il flusso del *prana* (o energia vitale): *Ida, Pingala, Sushumna*, ciascuno dei quali controlla processi differenti. Ida dirige i processi mentali, Pingala orienta i meccanismi vitali, Sushumna pilota il risveglio della coscienza spirituale; tutti e tre si dipartono dal Muladhara e terminano nel *Sahasrara*, sintonizzandosi lungo il percorso con ciascuno dei sette chakra principali. Sushumna, che scorre al centro della colonna vertebrale, è anche il canale attraverso cui sale l'energia *Kundalini*, l'energia cosmica creativa, il potenziale energetico della vita stessa: è la dea-serpente della mitologia indiana, che giace addormentata alla base della colonna vertebrale, e che attraverso particolari tecniche logiche è possibile *risvegliare*, rendendo disponibile questa straordinaria risorsa di cui normalmente viene utilizzata solo una piccolissima parte.

Ciascuno dei cinque chakra inferiori è associato a uno dei cinque elementi dell'essere cosmico, terra, acqua, aria, fuoco, etere, e al contempo ad uno dei cinque organi sensoriali, udito, tatto, vista, gusto, olfatto.

Il primo chakra o chakra della radice (*Muladhara*) è correlato all'elemento terra, le cui qualità prevalenti sono la densità, la solidità, la stabilità. Collocato tra l'ano e gli organi genitali, in corrispondenza del coccige, è il centro energetico che aiuta a sviluppare la capacità dell'hic et nunc, dell'essere presenti (qui e ora) sulla terra e nel mondo materiale. Il Muladhara, pertanto, è il chakra che fissa le nostre primissime esperienze legate alla sopravvivenza fisica e ai bisogni fondamentali del mangiare, del bere, del dormire, di avere una casa, una famiglia, dei figli, il soddisfacimento dei quali ci garantisce la sicurezza di esistere, facendoci cogliere il significato profondo del nostro esserci, in questo luogo e in questo tempo.

Collegato al senso dell'olfatto e al colore *rosso*, il primo chakra si ritrova associate le ghiandole surrenali, le quali, tra gli altri, producono i cosiddetti ormoni dello stress, il cortisolo e l'adrenalina. In situazione di equilibrio, il Muladhara ci fa sentire in armonia con la natura, ci provoca entusiasmo e gioia di vivere, ci predispone verso gli altri e ci fa avere un buon rapporto con il denaro e con tutto ciò che possediamo; al contrario, in situazione di disequilibrio ci suscita irritazione, rabbia, malumore, ci incute pensieri di esclusiva natura materiale, ci spinge a ricercare la sicurezza attraverso il cibo, l'alcol, il sesso. In situazione di blocco, le conseguenze sono molto più gravi: debolezza fisica ed emotiva; stato di insicurezza e di continua preoccupazione; incostanza e incapacità di portare a termine gli impegni; sensazione di non completa appartenenza a questo mondo; desiderio di fuga e senso di oppressione per i problemi della vita quotidiana; comportamento autodistruttivo e crisi di panico.

Tra le modalità suggerite dai Maestri per il riequilibrio e il ripristino della piena funzionalità del Muladhara sono da privilegiare l'attività fisica all'aperto, in contatto diretto con il terreno camminando a piedi nudi, il contatto corporeo con persone, animali e piante, la contemplazione del cielo rosso all'alba e al tramonto. Per il suo potenziamento notevoli risultati si conseguono attraverso l'ascolto mirato dei suoni della natura e della musica primitiva e tribale, le danze degli indiani d'America. Allo stesso scopo, di grande utilità sono ritenuti la pratica sistematica dello Hatha-Yoga e l'uso del colore rosso nel vestiario, negli arredi, negli oggetti personali, negli ornamenti floreali. Tra i cristalli sono consigliati l'agata, il granato, il corallo rosso, il rubino, ai quali si attribuiscono doti di energia creativa e vitale e di potere rigenerante.

Il secondo centro energetico è *Svadhisthana* (letteralmente: dolce casa), chakra situato al di sopra dei genitali, in corrispondenza dell'osso sacro. Esso rappresenta la nostra forza vitale e tutte le funzioni che garantiscono la nostra più elementare sopravvivenza, come l'attività nervosa, la circolazione sanguigna, la respirazione, l'attività cerebrale; ma è anche il centro da cui provengono gli istinti sessuali, l'attrazione carnale, la passione fisica. L'elemento a cui è collegato è l'acqua, simbolo della purificazione; la sua energia si rafforza e si armonizza, lasciando agire in noi l'elemento acqua e le qualità in esso presenti. Al pari dell'acqua, Svadhisthana è in continuo movimento, sempre alla ricerca di rinnovamento e di rigenerazione. Associate al secondo chakra sono le ghiandole sessuali, ovaie, testicoli, prostata, le quali, poiché producono gli ormoni che ci spingono alla ricerca del partner, sono responsabili della perpetuazione della nostra specie. Proprio in virtù di questa particolarità, nella mitologia indù Svadhisthana è considerato la sede della dea Shakti, l'aspetto femminile di Dio in forma di energia creatrice.

In situazione di equilibrio, il secondo chakra assicura spontaneità e naturalezza verso gli altri, sviluppa la cortesia, la fiducia, la tolleranza, suscita il desiderio di conoscere il mondo, di fare nuovi incontri, di viaggiare, di conquistare nuove frontiere. Le cose cambiano totalmente in situazione di disequilibrio: mancanza di certezze e stato di insicurezza nel rapporto con l'altro sesso; sessualità vissuta con forti sensi di colpa; eccessive fantasie sessuali; considerazione del sesso come unica forma di espressione. In situazione di blocco, ne conseguono effetti molto più gravi: frigidità, mancanza di autostima, pigrizia ostinata, apatia, demotivazione pressoché totale rispetto a qualunque aspetto del mondo e della vita, paura del cambiamento, sensi di colpa immotivati.

Per il ripristino dei poteri propri del centro energetico Svadhisthana e per il recupero della sua piena efficienza, i Maestri consigliano di indugiare nelle notti di plenilunio a contemplare i riflessi della luce lunare in un'ampia distesa di mare, di soffermarsi sui bordi di un torrente seguendo i giochi dell'acqua tra i sassi levigati, di sostare sulla spiaggia all'alba e al tramonto, quando il cielo ha colori caldi e dorati. Una valido aiuto si trova anche nell'ascolto di suoni lenti e profondi, di brani musicali con canti di uccelli e mormorii di fontane e ruscelli. Un prezioso ricorso può essere fatto anche a talune pietre, tra cui l'ambra, la corniola, il topazio.

Tra le modalità terapeutiche impiegate per il riequilibrio del secondo chakra un posto speciale è da riservare al colore *arancio*, il quale combina il vigore e la vitalità del rosso con la forza del giallo; l'utilizzo dell'arancione può aver luogo nei modi più disparati, dal capo d'abbigliamento all'arredo di casa, al poster o dipinto appeso alle pareti, a immagini mentali opportunamente costruiti. Taluni Maestri sostengono che, negli stati di debilitazione fisica e mentale, può risultare utile visualizzare una luce arancione mentre scorre nel centro Vadhisthana.

Il terzo chakra è *Manipura* (letteralmente: gemma splendente), situato poco al di sopra dell'ombelico, in corrispondenza del plesso solare. La Tradizione *Tantra Shastra* lo localizza nella zona dell'ombelico, mentre alcune correnti del Buddismo lo collocano all'altezza dello stomaco. Per noi il centro energetico Manipura, che nella nostra lingua può assumere la denominazione di *plesso solare*, è situato due dita al di sopra dell'ombelico in prossimità della zona epigastrica. Sul piano organico, al terzo chakra sono collegati l'addome, lo stomaco, il fegato, la cistifellea, la milza, mentre il pancreas è la ghiandola endocrina ad esso associata. L'elemento di riferimento è il fuoco, il quale rappresenta, nei termini non solo simbolici, la nostra azione verso l'esterno, la nostra spinta a modellare il mondo, l'impulso all'autoaffermazione, la tendenza a utilizzare le nostre risorse fino al limite estremo. L'organo di senso a cui il terzo chakra è associato è la vista, mentre il *giallo dorato* è il colore di stretto riferimento.

Nello stato di equilibrio e nella pienezza delle sue funzioni, Manipura ci assicura la costante coscienza della nostra identità, ci fa sentire in armonia con la vita e con la realtà che ci circonda, ci suscita un senso di adeguatezza e di responsabilità consapevole in ogni circostanza.

Se la situazione è di disequilibrio, avvertiamo scontentezza e inquietudine, ci sentiamo energeticamente deboli, tendiamo a dare la colpa agli altri o al destino avverso se non riusciamo a realizzare i nostri progetti. Se la situazione è di blocco, gli effetti negativi si fanno molto più gravi: perdita di autonomia e di spontaneità, con forte inclinazione ad accogliere le opinioni altrui; paura della solitudine e continuo bisogno di rassicurazione; frequenti stati di depressione e di avvilimento.

Tra le modalità consigliate dai Maestri per il ripristino dell'efficienza di un Manipura in difficoltà, la strada maestra, che resta anche la più semplice, è quella di godere quanto più possibile del sole e di tutte quelle forme presenti in natura che possono rappresentarlo o quantomeno ricordarlo, come le distese di girasoli o i campi biondeggianti di grano maturo, vera gioiosa profusione del connubio tra l'energia terrestre e quella solare. Viene anche suggerito di dipingere il "proprio" sole e di meditare sul calore vitale del sole per dieci-quindici minuti al giorno, accompagnando la meditazione con una respirazione nasale calma e tranquilla. Tra i suoni favorevoli al potenziamento di Manipura sono da privilegiare le musiche ritmate cariche di energia, capaci di suscitare un senso di affermazione e di prorompente vitalità.

Un valido aiuto al riequilibrio del terzo chakra arriva dal colore giallo, somministrato, come suol dirsi, in tutte le salse: dall'abbigliamento agli arredi di casa, dalle pietre agli alimenti e a tutto ciò che ha a che fare con il giallo. Tra le pietre gialle, quelle ritenute più benefiche per il ripristino della piena funzionalità di Manipura sono l'ambra, il quarzo citrino, il topazio oro.

Il quarto chakra è situato al centro del petto; il suo nome sanscrito è *Anahata*, il quale esprime il suono prodotto da due cose senza che sbattano l'una contro l'altra (*corpo-spirito*). La sua collocazione assume un particolare significato, giacché si tratta della zona mediana tra i tre centri di sopra, che rappresentano le forze spirituali, e i tre centri di sotto, che rappresentano le forze maggiormente legate alla materia. L'elemento a cui è associato è l'aria, la cui connotazione essenziale è quella di espandersi nello spazio, di riempire tutto, e quindi di permettere alle diverse forze energetiche di coesistere l'una accanto all'altra, senza necessità di lotta o di scontro. Dei quattro elementi classici (terra, acqua, aria, fuoco), l'aria è il più sottile e il meno compatto: è mobile, volatile, permeabile, e, a differenza degli altri elementi, oppone scarsa resistenza a ciò che si muove al suo interno; di qui la possibilità di equilibrio e di armonia, nel quarto chakra, tra il polo di sopra e il polo di sotto.

Al quarto centro è collegato il *tatto*, l'organo sensoriale di maggiore estensione, giacché coinvolge l'intera superficie della pelle, il nostro confine corporeo. Sul piano organico, al quarto chakra sono associati il sistema immunitario, la parte superiore del torace, la parte bassa dei polmoni, la circolazione del sangue, ed evidentemente la cute; la ghiandola endocrina di riferimento è il *timo*, il quale svolge un ruolo notevole nel nostro processo di crescita, ed è la ghiandola più importante per le nostre difese immunitarie. Il colore proprio di Anahata è il verde, mentre il suo colore terapeutico è il rosa o il bianco.

In situazione di equilibrio, il quarto centro suscita la gioia del dare disinteressato, potenzia la capacità di empatia, rafforza la padronanza di sé, favorisce sentimenti non egoistici nei confronti dell'altro sesso.

Notevoli difficoltà, al contrario, si ingenerano in situazione di disequilibrio: paura dell'intimità e delle relazioni interpersonali, totale o pressoché totale dipendenza affettiva dagli altri, tendenza alla tristezza e al ritiro nel proprio guscio, forme ingiustificate di autocompatimento.

Tra le modalità più semplici per il ripristino di un buon equilibrio del quarto chakra, i Maestri consigliano di fare lunghe passeggiate nei prati, nei boschi, nei viali alberati, di appoggiare di tanto in tanto la propria schiena contro un albero ad alto fusto, di osservare intensamente i fiori di color rosa, di contemplare il cielo quando si tinge di rosa, di ascoltare suoni dolci e armoniosi. Tra le pietre favorevoli al potenziamento di Anahata si suggeriscono la giada, la kunzite, la tormalina rosata, il quarzo rosa.

Il quinto chakra, il cui nome sanscrito è *Vishuddha* (letteralmente: purificazione), ha la sua collocazione nella zona della gola, tra l'avvallamento del collo e la laringe. Sul piano fisico, collegati al quinto chakra sono il collo, la gola, le orecchie, la trachea, i bronchi, l'esofago, le braccia, la parte superiore dei polmoni; la ghiandola endocrina associata è la *tiroide*. L'elemento di riferimento di Vishuddha è l'*etere*, il cui nome sanscrito *akasha* richiama il significato di vibrazione, suono, ma anche di energia vitale, di materia originaria; il colore a cui è associato è l'azzurro; l'organo sensoriale corrispondente è l'udito, lo strumento fisico che ci permette di percepire suoni e voci che provengono dall'esterno, ma anche voci e richiami che provengono dall'interno.

In situazione di equilibrio, il quinto chakra ci permette di comunicare liberamente sentimenti e pensieri, muove l'attitudine ad ascoltare gli altri con interesse e con comprensione, assicura la capacità di conservare la propria indipendenza e l'autodeterminazione, garantisce il possesso di una voce piena, melodiosa, seduttiva. Gravi difficoltà intervengono, al contrario, in situazione di disequilibrio o di blocco: timidezza e riservatezza eccessive; scarsa flessibilità e rigida chiusura al dialogo; fiume di parole in piena per mascherare le proprie debolezze di fronte agli altri; eloquio rozzo e chiassoso; visione materialistica del mondo e della vita.

Tra le modalità più efficaci per il ripristino di un buon funzionamento di Vishuddha, i Maestri suggeriscono di portarsi di frequente sulla riva del mare e immergersi perdutamente nell'azzurro delle sue acque, fissare l'azzurro del cielo nelle giornate limpide e terse, stendersi supini su un prato e contemplare la vastità del cielo, ascoltare musica New-Age o musica sacra dai toni alti, porsi in ascolto ad occhi chiusi dei propri suoni interiori.

Tra le pietre favorevoli all'equilibrio del quinto centro energetico si consigliano la sodalite, propizia alla gola e alla tiroide; il lapislazzuli, utile per potenziare l'ispirazione creativa e l'espressione artistica; il turchese, suscettibile di promuovere il processo di armonizzazione tra materia e spirito.

Dei sette chakra principali contemplati dal modello classico, il sesto e il settimo sono considerati *superiori*, sia per il loro collocamento topografico, sia per le funzioni di cui sono depositari, le quali attengono per loro essenza alle attività intellettive e spirituali.

Il sesto chakra, il cui nome sanscrito *Ajna* richiama i verbi *conoscere* e *percepire*, è collocato tra i due occhi, al centro della fronte. Nell'antica Tradizione indù il centro energetico Ajna viene indicato come la sede del *terzo occhio*, l'occhio che ci permette di vedere ciò che gli altri due occhi non sono in grado di vedere, ossia ciò che sta al di là dell'apparenza sensibile e del mondo fenomenico. Associato per definizione alla luce della consapevolezza, il terzo occhio ospita le più alte facoltà mentali.

Il simbolo del sesto chakra è il loto a due petali, e il colore di riferimento è l'*indaco* chiaro, nel quale è possibile trovare qualche sfumatura di giallo. La ghiandola endocrina a cui è collegato è l'*ipofisi*, denominata la "ghiandola maestra", in quanto produce ormoni che non solo influenzano direttamente determinate funzioni organiche, ma agiscono anche su altre ghiandole endocrine regolandone l'attività. Sul piano organico, associati al centro energetico Ajna sono gli occhi, il naso, i seni frontali, il cervelletto, il sistema nervoso centrale.

In situazione di equilibrio, il sesto chakra ci apre la mente alle verità mistiche e spirituali, ci permette di accedere ai piani sottili della realtà, ci assicura la chiarezza di idee e di progettazione nel nostro percorso di vita, ci suscita sprazzi di vera e propria veggenza durante la meditazione e durante il sonno. Diversa, invece, è la nostra condizione allorché il sesto centro vive il disequilibrio: difficoltà di cogliere in modo olistico la realtà; arroganza intellettuale con forme di ostinato dogmatismo; tendenza al ragionamento sofisticato e a regolare con ricercatezza analitica ogni aspetto della vita; rifiuto sistematico delle intuizioni spirituali. Il nostro stato si aggrava ancor più qualora, per effetto di eventi traumatici, subiamo il blocco di Ajna: accettazione solo di ciò che è visibile e tangibile; inclinazione al conformismo e alla pigrizia mentale; forme plateali di rifiuto di ogni verità spirituale; tendenza a perdere il controllo di sé nelle situazioni difficili.

Tra le modalità dolci per un recupero funzionale del terzo occhio, i Maestri consigliano di contemplare con una certa frequenza il cielo notturno senza luna, fare meditazione con un sottofondo musicale di brani di Bach o di Monteverdi, ascoltare musica New-Age comodamente seduti in poltrona con schienale alto. Tra le pietre che favoriscono il riequilibrio del sesto chakra si sottolinea, da parte dei Maestri, l'azione provvida del lapislazzuli, della sodalite, dell'ametista e dello zaffiro blu indaco.

Il settimo chakra, il cui nome sanscrito è *Sahasrara* (letteralmente: di mille volte tanto), rappresenta il livello più alto del sistema dei chakra e corrisponde a ciò che nella nostra cultura viene denominato *settimo cielo*. Situato al centro della sommità della testa all'altezza della corteccia cerebrale, Sahasrara accomuna in sé tutte le energie dei centri inferiori. Sotto il simbolo del loto dai *mille petali*, esso costituisce il canale per l'energia sottile, è il piano della massima consapevolezza e della più elevata perfezione, è la corona di luce che splende all'apice del capo. Come affermano i Maestri, il settimo centro energetico è il luogo dove ci sentiamo a casa: da qui prende inizio il nostro viaggio verso la vita ed è qui che ritorneremo al termine della nostra evoluzione; è qui che si accende (nei rari casi in cui si accende) la scintilla dell'*illuminazione*, dell'identificazione con il Tutto, della fusione con il principio originario; è qui che la conoscenza, a qualunque livello, si trasforma in sapere consapevole. Aprire il chakra della *corona* significa allargare i confini della mente, porre in discussione tutti i sistemi di pensiero, accogliere porzioni sempre più ampie del campo universale della coscienza.

La ghiandola endocrina collegata al settimo chakra è l'*epifisi*, la ghiandola pineale, la ghiandola che Cartesio, nel XVII secolo, aveva individuato come sede dell'anima; l'organo associato è il cervello, mentre i colori di riferimento sono il viola, il bianco, il giallo oro.

In situazione di equilibrio, il settimo centro energetico assicura un senso di profonda pace con se stessi e con gli altri, il riconoscimento e l'accettazione dei propri limiti, una grande apertura mentale, la piena consapevolezza dei propri mezzi di realizzazione personale; in situazione di potenziamento funzionale, si vivono momenti di profonda identificazione con i diversi aspetti del reale, si è presi da un sentimento di interezza e di prossimità con il divino.

Il quadro risulta completamente capovolto quando Sahasrara è in disequilibrio: forte senso di stanchezza e incapacità di assumere decisioni importanti; difficoltà a metabolizzare le esperienze traumatiche; paura di invecchiare e paura ossessiva della morte. I problemi si aggravano ancor più in situazione di blocco funzionale: paure e insicurezze di ogni genere; ricerca frenetica di attività impegnative; senso di vuoto e di disagio esistenziale.

Per il ripristino di un buon funzionamento del settimo chakra, i Maestri consigliano di portarsi di frequente sulla cima di un'alta montagna, per abbracciare in uno sguardo d'insieme cielo e terra; essi ritengono altresì che un valido aiuto possa provenire dall'assenza di suoni, quali che siano, e dalla pratica sistematica di intervalli temporali di profondo silenzio. Tra le pietre utili al ripristino dell'equilibrio di Sahasrara si suggeriscono l'ametista, il cristallo di rocca, il diamante.

STILE ALIMENTARE

Qualcuno, affidandosi alla fantasia, ha voluto paragonare il corpo umano a un fuoco, ossia ad un composto materiale in stato di costante trasformazione. Il paragone regge perché la macchina umana, sotto l'aspetto fisico-chimico, vive grazie a una continua, incessante combustione; combustione lenta, ma che produce calore per un processo identico a quello della legna che brucia nel camino. Perché un fuoco possa durare, occorre ininterrottamente alimentarlo, fornendogli nuovi elementi di combustione; non solo, ma perché la fiamma brilli, si devono con continuità eliminare le scorie; in caso contrario, il fuoco viene soffocato dalle scorie e si spegne. Questa duplice necessità di apporto continuo di combustibile e di eliminazione delle scorie corrisponde, nell'essere umano, all'assimilazione e alla eliminazione, fenomeni biologici che si sintetizzano nel termine pluricomprensivo di "metabolismo".

A differenza dei fuochi di sostanza inerte, che non durano se non sono alimentati da un'azione esterna e si spengono senza tale intervento, il fuoco "umano" pensa da sé a mantenersi, attingendo dall'ambiente esterno il combustibile necessario e provvedendo autonomamente ad eliminare ceneri e scorie; allorché viene a cessare questo doppio processo di assimilazione e di eliminazione, la vita cessa e sopraggiunge la morte.

Come una qualunque combustione, anche la combustione "vitale" necessita di due fattori, un comburente e un combustibile; e per la vita umana il fattore comburente è l'ossigeno, mentre il fattore combustibile è costituito dagli alimenti. Così come l'ossigeno ha un ruolo essenziale nella respirazione, le sostanze alimentari lo rivestono nell'alimentazione; e un discorso sull'alimentazione, quale che sia, non può prescindere dal problema dei regimi alimentari e del conseguente sistema di vita "conforme alla vera natura dell'uomo".

Sul piano strettamente scientifico, data la sua dentatura, l'individuo umano è da considerare l'animale onnivoro per eccellenza, giacché solo in lui si trovano gli incisivi degli erbivori, i canini dei carnivori, i molari dei mangiatori di semi e di radici, tutti su una linea di completa parità. Ne consegue che è scientificamente falso sostenere che l'uomo è un erbivoro, un granivoro o un frugivoro con la cattiva abitudine dell'alimentazione carnea, giacché egli, dal punto di vista fisiologico e anatomico, è fatto per mangiare di tutto. Ne segue che, se si vuole affrontare nel dettaglio il tema dei regimi alimentari, è opportuno considerare alcuni aspetti speciali che caratterizzano tanto il regime vegetariano quanto il regime carneo.

Per secoli, da quando l'agricoltura ha fatto il suo ingresso nella storia umana, la dieta vegetariana ha avuto un dominio pressoché incontrastato nelle classi sociali subalterne, con un uso secondario e marginale della carne e dei suoi derivati. Durante tutta l'antichità, sia in Europa che nel Medio Oriente e in gran parte dell'Asia, l'alimento base era il grano, ovviamente sotto la forma di pane, e in mancanza d'altro il solo pane era ritenuto sufficiente alla nutrizione. All'epoca della Rivoluzione Francese l'alimento che il popolo reclamava era il pane, così come, ancora nell'Italia del secondo dopoguerra, durante le lotte contadine lo slogan più partecipato era "pane e lavoro".

Le cause del discredito in cui di recente è caduto l'alimento pane sono da ricercare da una parte nel diverso modo della sua fabbricazione, dall'altra nel mutamento della coltivazione del grano. Circa il primo aspetto il pane, fabbricato con farina bianca e fatto fermentare con lievito di birra anziché con lievito naturale, è diventato non solo scarsamente nutritivo ma anche indigesto, nonostante la sua bella apparenza. La farina bianca, infatti, spogliata dei gusci e dei germi di grano, risulta depauperata della parte nutritiva più ricca, mentre l'uso ormai generalizzato del lievito di birra priva il pane di quegli enzimi presenti nel lievito naturale, che aiutano a digerire con facilità il pane stesso. Per quanto concerne il secondo aspetto, il grano, ormai coltivato con i soli concimi artificiali, non è più che un surrogato del vero grano, senz'altro quasi uguale nella composizione, ma privo di quegli "imponderabili" che costituiscono la parte essenziale del suo valore.

E comunque, al netto delle modificazioni intervenute, se si vuol seguire un sano regime vegetariano, occorre porre a fondamento di esso il pane, possibilmente il pane integrale, e rimettere in vigore l'uso del grano nella sua forma naturale, proprio come si fa per il riso, facendo dell'uno e dell'altro il cibo principale. Frutta, ortaggi, latticini svolgeranno il ruolo di companatico, anche se di companatico necessario, data la presenza in essi di vitamine e sali indispensabili. È di certo auspicabile, al giorno d'oggi, che un regime esclusivamente vegetariano preveda l'utilizzo di alcuni prodotti esotici come la soia, largamente diffusa in Estremo oriente, la quale contiene fino al 30% di proteine, e anche di certe alghe marine di cui in tempi recenti si sta studiando e sperimentando l'alto valore nutritivo e rigenerativo. In presenza di una sana dieta vegetariana, razionalmente e scientificamente elaborata, non solo si assolve pienamente alla funzione nutritiva, ma non si avverte neppure il desiderio di un'alimentazione diversa, in particolar modo di un'alimentazione carnea. D'altra parte, il regime carneo come sistema esclusivo di alimentazione, ammesso che vi sia stato, ha riguardato, in età preistorica, forme di civiltà molto primitive, quando l'uomo in regioni povere di alimenti vegetali naturali viveva unicamente dei prodotti della caccia; e, allorché alla civiltà dei cacciatori è subentrata la civiltà dei pastori, l'alimentazione a base di carne si è sempre accompagnata all'uso di prodotti spontanei della terra, in termini di frutta, di verdura o di semplici radici. Il grande vantaggio della carne, più che al valore nutritivo, è dovuto alla sua capacità di soddisfare la fame, pur se assunta in piccole quantità, e di suscitare un senso quasi immediato di forza e di benessere anche prima che abbia inizio la digestione. Sul piano biologico, ciò è determinato dagli ormoni in essa contenuti, i quali sono dei potenti eccitanti muscolari. Inoltre, contrariamente a quello che comunemente si crede, la carne si digerisce più facilmente degli alimenti vegetali, purché non venga sottoposta a cottura troppo prolungata; in effetti, ciò che favorisce di molto la digestione della carne è il fatto che il suo aspetto, e ancor più il suo odore esercitano un'azione riflessa sulla secrezione dei succhi gastrici, azione solo raramente prodotta dall'aspetto e dall'odore dei cibi vegetali.

A prescindere dall'alimentazione base, sia nella dieta vegetariana che in quella carnea, occupano un posto importante gli alimenti complementari, l'uso dei quali è una chiara dimostrazione che l'uomo è onnivoro ed è fatto per mangiare di tutto. Tra gli alimenti complementari più comuni spiccano il latte con i suoi derivati e i legumi; tra i derivati del latte, i formaggi di tutti i tipi hanno un elevatissimo valore nutritivo, e l'alta percentuale di proteine che contengono fa di essi il miglior alimento integrativo per una dieta vegetariana.

Il presupposto da cui bisogna muovere per una sana alimentazione è che l'organismo umano, per l'attività biochimica di tutte le cellule che lo compongono, necessita di energia, che esso ricava quotidianamente bruciando, o meglio ossidando carboidrati, grassi e proteine contenuti negli alimenti di cui si nutre. La scienza alimentare misura l'energia in chilocalorie (*kcal*) o in chilojoule (*kj*), facendo corrispondere una chilocaloria a 4184 chilojoule. In termini di misurazione, carboidrati e proteine forniscono circa 4 kcal per grammo, mentre i grassi ne forniscono circa 9; anche l'alcol fornisce energia, 7 kcal per grammo, ma non rientra tra i principi nutritivi, non essendo indispensabile all'organismo.

Per la scienza dell'alimentazione, il fabbisogno energetico risulta legato all'età, al sesso e alla costituzione dell'individuo, oltre che al suo impegno fisico; diversa è l'esigenza energetica di una persona dalla costituzione normolinea rispetto ad una persona brevilinea o longilinea, come diverse sono le necessità alimentari di un soggetto che svolga un'attività lavorativa pesante, quale può essere il lavoro nei campi o nell'edilizia, rispetto ad un altro che sia impegnato in un lavoro leggero o poco faticoso.

Per gli addetti ai lavori, quale che sia la scuola di appartenenza, il fabbisogno energetico resta equilibrato se viene fornito per il dieci-quindici per cento dalle proteine, per il venticinque-trenta per cento dai grassi e per il sessanta per cento dai carboidrati. Biologicamente il corpo umano è costituito da sei composti fondamentali: glucidi, protidi, lipidi, vitamine, acqua, elementi minerali. Queste sostanze sono presenti negli alimenti sotto la denominazione di "principi alimentari", evidentemente in percentuali che variano da alimento ad alimento. Quanto alla composizione dell'organismo umano, la percentuale media dei glucidi si mantiene dell'1% nel corso dell'intera vita, mentre quella dei protidi passa dall'11,5% della prima infanzia al 17% dell'età adulta, così come i lipidi che dall'11,5% della prima infanzia salgono al 16% dell'età successiva; la presenza dell'acqua dal 72% della prima età scende al 62,5% nell'età adulta; le vitamine sono presenti in tracce sia nel bambino che nell'adulto, come costanti nella percentuale media del 3,5% si mantengono per tutto il tempo dell'esistenza gli elementi minerali.

Tra i principi alimentari un discorso a parte meritano le vitamine, le quali, di composizione chimica molto varia, sono di origine prevalentemente vegetale. Vengono indicate con alcune lettere dell'alfabeto, ma anche con denominazioni che tengono conto della loro struttura chimica e delle funzioni che svolgono. Qualcuno ha chiamato le vitamine "gli infinitamente piccoli" dell'alimentazione, essendo la loro presenza, anche se in quantità infinitamente piccole, assolutamente indispensabile all'assimilazione dei cibi, ossia alla loro trasformazione in sostanze viventi dell'organismo umano. Per taluni studiosi, dalla visuale particolarmente raffinata, le vitamine rappresentano una sorta di ponte tra gli elementi naturali propriamente detti e i cosiddetti "imponderabili". Infatti, anche se l'analisi chimica ne rivela la costituzione materiale, e anche se è possibile riprodurle in sintesi, resta in esse qualcosa di ignoto che sfugge ad ogni controllo e che possiamo individuare solo attraverso gli effetti: è il "quid" misterioso del loro potere vitalizzante.

Sul piano strettamente scientifico, sarebbe un grave errore considerare le vitamine "nutrienti", e perciò in grado di supplire all'insufficienza di sostanze alimentari. Le vitamine non sono degli alimenti, e la loro funzione è quella di permettere al nostro organismo di assimilare gli alimenti e di trasformarli in tessuti viventi. Qualora i cibi fossero completamente sprovvisti di vitamine, ci sarebbe impossibile assimilarli. D'altra parte, l'insufficienza di vitamine provoca malattie di varia natura, a seconda delle proprietà mancanti. Ciò nondimeno, è pericoloso assorbire troppe vitamine, in quanto si va ugualmente incontro a gravi patologie. Dal punto di vista dietetico, se si segue un regime alimentare razionale e opportunamente diversificato, non vi è alcun bisogno di vitamine artificiali.

Mentre la scoperta delle vitamine è stata ormai volgarizzata e anche l'uomo della strada, per quanto non conosca esattamente la loro funzione, è consapevole comunque della loro importanza, meno noti risultano invece il ruolo dei sali minerali e la possibilità di fornire l'organismo di queste sostanze soprattutto con l'alimentazione, dato che la mano saggia della natura ha provveduto a dotarne i nostri cibi quotidiani. Gli elementi minerali esercitano fondamentalmente il loro ruolo nelle funzioni elettrochimiche dei nervi e dei muscoli, nella formazione delle ossa e dei denti, nell'attivazione degli enzimi e, per quanto riguarda il ferro, nel trasporto dell'ossigeno da parte del sangue.

Torna utile rilevare che, sulla presenza dei sali minerali nel corpo umano e sulla essenzialità di alcuni di essi, la ricerca è ancora in corso e, di giorno in giorno, si assiste a scoperte sempre nuove che non raramente sovvertono certezze consolidate. È stato il caso del nichel, dello stagno, del vanadio e del silicio, elementi che un tempo venivano ritenuti dannosi per la salute e che oggi sono considerati essenziali per l'organismo degli animali in generale. Gli elementi minerali ritenuti indispensabili per il mantenimento della salute corporea, e sui quali la scienza si è abbondantemente pronunciata, sono i più conosciuti anche dai non addetti ai lavori: il calcio, il fosforo, lo zolfo, il potassio, il cloro, il sodio, il magnesio, il ferro, il fluoro, lo zinco; la percentuale della loro presenza nel corpo umano è oggetto di misurazione certa, come altrettanto accertabile è la loro carenza o addirittura la loro mancanza.

Quanto all'acqua, il fabbisogno medio nell'adulto oscilla da 2 a 2,5 litri al giorno. L'organismo è in equilibrio idrico quando, nelle 24 ore, la quantità dell'acqua introdotta con le bevande e con gli alimenti (acqua esogena), e dell'acqua che si forma in conseguenza delle reazioni organiche (acqua endogena), corrisponde a quella dell'acqua eliminata. Mediamente la perdita giornaliera di acqua è di 1100 ml attraverso le urine, di 600 ml attraverso la respirazione polmonare, di 400 ml attraverso la respirazione cutanea, di 200 ml attraverso le feci, con un totale di 2300 ml. Il bilancio idrico giornaliero esige, pertanto, un apporto di acqua esogena di 2000 ml, tenuto conto che l'acqua endogena si aggira intorno ai 300 ml. A questo riguardo, però, torna utile sottolineare che gli alimenti contengono una notevole percentuale di acqua: la verdura e la frutta fresca circa il 90%, il pane il 35%, la carne magra di manzo il 76,6%, il latte l'87,3%. Nel caso di apporto idrico ridotto aumenta il lavoro a carico del rene, costretto a concentrare l'urea e i sali da eliminare. La misura di quanto l'acqua ci sia indispensabile è data dalla limitata resistenza dell'organismo alla sua privazione rispetto a quella del cibo; la morte, infatti, sopraggiunge in circa tre giorni, in presenza di una disidratazione del 20%, a fronte di un prolungamento fino a 80 giorni circa della mancanza di cibo.

In tempi recenti la scienza dell'alimentazione, a livelli alti, ha posto l'accento su un fattore spesso trascurato, che è l'atteggiamento psichico e mentale che teniamo a tavola; si tratta dello stato emozionale che noi assumiamo durante il pasto, e per questo ritenuto il più imponderabile degli imponderabili. Ormai da ogni parte si conviene che, quando mangiamo, noi incorporiamo insieme al cibo i pensieri che contemporaneamente occupano il nostro cervello, e se essi sono di collera, di scoramento, di astio, di impazienza, unitamente alle sostanze alimentari assimiliamo forze nocive, suscettibili non solo di pregiudicare il buon funzionamento dell'apparato intestinale, ma anche di neutralizzare e talora intossicare l'apporto nutritivo. Lo stato d'animo da cui siamo attraversati mentre mangiamo supera in valore la stessa composizione chimica degli alimenti che ingeriamo, giacché, sotto l'influenza delle emozioni e dei sentimenti, il nostro organismo secerne degli "ormoni", sostanze per molti versi ancora misteriose, che hanno una stretta parentela con le vitamine; e di ormoni ve ne sono di buoni, la cui natura è positiva, e di cattivi, la cui natura è negativa.

Gli ormoni negativi si comportano come dei veri veleni, e probabilmente sono dei veleni effettivi. I Maestri avvertono che i più nocivi sono gli ormoni che si producono sotto l'influenza dell'odio e della paura, due passioni che forse sono una cosa sola, poiché si teme quello che si odia e si odia quello che si teme. A tutt'oggi non ancora completamente definiti, questi ormoni si manifestano concretamente all'esterno, esalando una specie di odore o, più precisamente, una sorta di emanazione. Tale effluvio, che di regola sfugge ai sensi dell'uomo, è percepito immediatamente da tutti gli animali e ha lo strano effetto di metterli in uno stato di eccitazione e di paura; il cane che noi affrontiamo con un sentimento di timore o di avversione, sentimento che non traspare visibilmente dal nostro atteggiamento, si infuria e cerca di aggredirci, e il più mite dei cavalli, se vi montiamo sopra presi da insicurezza e da paura, si innervosisce e si impenna. La prova contraria ci viene fornita dagli yogi i quali, avendo abolito in se stessi qualsiasi sentimento di odio e di paura, possono affrontare impunemente la presenza degli animali più feroci, come le tigri e i cobra, in quanto il loro atteggiamento interiore non suscita in essi nessuna reazione di aggressività o di avversione (per la nostra cultura è sufficiente richiamare l'episodio del lupo di Gubbio).

A corollario di questa riflessione si può ben dire che, se ci accostiamo ai pasti sotto l'effetto di pensieri negativi o di sentimenti nefasti, noi secerniamo quantità infinitesimali di sostanze venefiche che si mescolano ai succhi dei nostri alimenti e ci intossicano; mentre tutto il contrario si verifica se produciamo ormoni energetici e vitalizzanti sotto l'influenza di emozioni e di sentimenti positivi, quali l'amore, la sicurezza, la serenità, l'allegrezza. Su quest'ultimo sentimento, tutti noi sperimentiamo la buona digestione che segue in genere ad una cena con gli amici in un clima di spensieratezza e di allegria.

Di certo, una buona conoscenza dei principi alimentari e una sufficiente informazione sul valore calorico degli alimenti possono garantirci una corretta alimentazione, ma, nonostante una puntigliosa osservanza delle regole, non basta a costruirci uno stile alimentare che ci metta al riparo da inconvenienti legati alla digestione e all'assorbimento delle sostanze energetiche. Per questo obiettivo, occorre bussare alle porte dell'Eubiotica, ossia alla Scienza del vivere bene.

L'Eubiotica affonda le sue radici nel movimento naturista, nato in Europa agli inizi del Novecento con il fine dichiarato del recupero di uno stile di vita esclusivamente basato su norme e regole rispettose delle leggi naturali. Gli eventi drammatici del primo conflitto mondiale e i conseguenti problemi di sopravvivenza del dopoguerra travolsero le basi stesse del movimento, che ebbe però un suo rilancio alla fine degli anni cinquanta come reazione al dilagare di un modello di vita e di un'alimentazione sempre più innaturali. Il secondo dopoguerra, infatti, aveva comportato l'affermarsi dell'egemonia della cultura americana e, unitamente ad essa, della sua scienza alimentare, il cui principio di base era rappresentato dal primato dell'*animal factor* rispetto al *vegetal factor*, secondo il quale la carne doveva essere considerata l'alimento ottimale. Questo principio alimentare, garantito da presunti fondamenti scientifici, travolse le abitudini alimentari degli europei e quindi anche degli italiani, ribaltando l'antica divisione degli alimenti in pane e companatico; per molti, infatti, il proprio pane diventò la carne e il companatico la michetta di pane bianco, qualche grissino o qualche cracker. Cattedratici universitari si scomodarono per affermare a gran voce che la civiltà di un popolo si misura sulla qualità dell'alimentazione: se mangia in prevalenza cereali, fa parte della civiltà del passato, mentre appartiene alla civiltà del futuro se l'alimento base è la carne.

In questa situazione sorsero in Europa numerosi movimenti orientati al recupero della medicina tradizionale popolare e di una pratica alimentare naturale. In Germania nacque la "naturopatia" degli "*heilpraktiker*", in Francia si affermò la "medicina naturale" di Paul Carton, in Inghilterra si ebbe un ritorno all'uso terapeutico delle erbe con la conseguente affermazione del "medical erbalist". In Italia, sotto il patrocinio del rinato "movimento naturista", prese vita la medicina naturale "eubiotica", come momento d'incontro tra la scienza ufficiale e gli aspetti più autentici della tradizione medica popolare. L'atto formale ebbe luogo a Milano il 12 aprile 1960 con la nascita del "Centro di eubiotica umana" presso l'Ospedale dei bambini, per iniziativa dell'allora primario patologo, prof. Luciano Pellai.

La medicina eubiotica muove dalla considerazione dell'individuo umano come una sorta di "ecosistema" inserito in un equilibrio ecologico dell'ambiente. Ne deriva un concetto di salute più comprensivo, che coinvolge l'interezza dell'individuo umano nella sua triplice espressione di corpo, psiche e mente, conferendo alla medicina eubiotica anche l'appellativo di "medicina olistica". Date per scontate le basi scientifiche su cui poggia la medicina eubiotica, sul piano eminentemente pratico il suo vero cavallo di battaglia è costituito dalle regole alimentari e dall'indiscusso presupposto della qualità dei cibi, dei quali deve essere garantita la naturalità, l'integrità e l'integralità. Quanto alla naturalità, essa può essere assicurata in presenza di un'agronomia che escluda le coltivazioni troppo intensive, e di una zootecnia che non nutra gli animali con alimenti innaturali, come accade quando si somministrano agli erbivori mangimi a base di polvere di carne e di pesce.

L'integrità può essere garantita, allorché si eviti che i prodotti dell'agricoltura contengano residui di pesticidi anticrittogamici e antiparassitari o che permangano in essi tracce dei diserbanti impiegati; e allorché si escluda l'uso di estrogeni nella produzione della carne di vitello, di tereostatici nella produzione della carne di manzo, di testosterone nella produzione della carne di pollo. Quanto all'integralità, essa può essere garantita quando sono esclusi trattamenti di eccessiva raffinazione e di sterilizzazione termica e radiante, attraverso i quali i fattori probiotici presenti negli alimenti subiscono una notevole riduzione o una vera e propria inattivazione.

Data per acquisita l'importanza della qualità dei cibi, l'Eubiotica stabilisce una sorta di gerarchia piramidale, secondo la quale alcuni cibi sono considerati fondamentali, altri complementari, altri ancora facoltativi. Per alimenti fondamentali, i quali occupano il primo livello della piramide, l'Eubiotica intende i cereali, le verdure, l'olio di oliva extravergine (nel ruolo di condimento), con prevalenza del "pane" rispetto al "companatico". Tra gli alimenti complementari, che occupano il secondo livello, figurano il latte, i latticini, il pesce, la frutta. Al terzo livello appartengono gli alimenti complementari-facoltativi (a consumo preferibilmente ridotto), rappresentati dai formaggi, dalle uova, dal miele vergine integrale. Al vertice della piramide, ad un livello da ritenere occasionale (o addirittura da evitare), si collocano gli alimenti di maggior consumo nella nostra società del benessere e dell'opulenza nutrizionale, tra i quali figurano le carni, i salumi, gli insaccati, i grassi animali, gli oli di semi raffinati, lo zucchero raffinato, i dolciumi, le bevande dolcificate, gli alcolici ad alta gradazione.

La regola aurea dell'Eubiotica prevede che i pasti principali siano costituiti da un monopiatto, composto da un unico alimento di base: il cosiddetto "primo" a base di pasta o di riso; il cosiddetto "secondo" a base di carne, o di pesce, o di uova, o di formaggio. Sia l'uno che l'altro accompagnati da abbondante insalata mista come antipasto, da un contorno di verdura cotta, da pane integrale a volontà. Trovano posto i cosiddetti "piatti tipici", purché costituiti da un cereale di base, integrato con legumi e verdure o accompagnato, se si tratta di pasta asciutta, da una consistente spruzzata di parmigiano reggiano o di grana padano. A quest'ultimo riguardo, l'Eubiotica italiana sottolinea la bontà nutritiva di tre tipi di formaggio stagionato: il parmigiano reggiano, la fontina valdostana, il caciocavallo meridionale.

Pur nel rispetto del monopiatto, l'Eubiotica suggerisce di non consumare i prodotti animali più di una volta al giorno, fatta salva l'eventuale assunzione di latte o di yogurt a colazione o a merenda; prescrive categoricamente di non consumare il latte insieme alla carne o al pesce, e di evitare il consumo di frutta alla fine del pasto, tanto più se esso è costituito da cereali o legumi, giacché ne scaturirebbe un inevitabile innesco di fatti fermentativi; consiglia di fare colazione al mattino e merenda al pomeriggio a base di latte, di yogurt, di tè, di frutta, ma anche mediante il ricorso ad un semplice toast o ad un pezzo di pane integrale accompagnato da un companatico di propria scelta, evidentemente in alternativa e secondo il gusto personale.

Oltre che sulla composizione del pasto, l'Eubiotica detta regole altrettanto rigorose sulle associazioni inopportune, sottolineando tre fondamentali inopportunità: l'associazione di cibi proteici con i cibi amidacei, in particolare la carne con la pasta; l'associazione di alimenti proteici diversi, in particolare della carne e del pesce con il latte e con i latticini; l'associazione di frutta e di alimenti dolcificati sia con gli amidi che con le proteine.

Le ragioni fisiologiche della prima inopportunità sono molteplici: in primo luogo, perché la digestione degli amidi ha inizio in bocca grazie alla ptialina salivare, mentre la digestione delle proteine inizia nello stomaco ad opera della pepsina cloridrica; in secondo luogo, perché la composizione della saliva e del succo gastrico varia a seconda del cibo che viene ingerito e delle relative associazioni. Quando si mangiano gli amidi, infatti, alla ricchezza di ptialina nella saliva si associa nelle prime due ore una scarsa quantità di acido cloridrico, cosa che permette alla ptialina di continuare indisturbata la sua azione digestiva. Al contrario, allorché viene assunta la carne, il succo gastrico risulta fortemente acido fin dall'inizio. L'inconveniente di mangiare la carne dopo la pasta asciutta sta, quindi, nel fatto che, al momento in cui si ingerisce la carne, si ha una secrezione precoce di succo gastrico fortemente acido, che provoca l'inattivazione della ptialina e per conseguenza l'arresto della digestione degli amidi; inoltre, la parziale digestione degli amidi assorbe la pepsina, che dovrebbe servire per digerire la carne.

L'inopportunità dell'associazione della carne e del pesce con il latte o con i latticini si fonda sul fatto che questi cibi hanno esigenze digestive diverse, giacché stimolano la secrezione di succo fortemente acido in tempi differenti: secrezione precoce per la carne e il pesce, tardiva per il latte e i latticini. In ordine a questa inopportuna associazione, si ha inoltre l'inconveniente che il latte, una volta raggiunto lo stomaco, per via del caglio, coagula in fiocchi e grumi che avvolgono le particelle di carne, isolandole dal succo gastrico, con la conseguenza che la carne viene costretta ad essere digerita dopo la digestione del latte cagliato.

Circa la terza inopportunità, l'Eubiotica mette soprattutto in guardia dal consumo della frutta alla fine dei pasti principali, perché, mentre se viene consumata come pasto a sé, a colazione o a merenda (o lontano dal pasto principale), essa passa rapidamente nell'intestino, non dovendo subire alcuna digestione nella bocca e nello stomaco, se entra a far parte di un pasto complesso, a pranzo o a cena, è forzata a seguirne il destino digestivo; finendo, quindi, per restare troppo a lungo prima nello stomaco e poi nell'intestino, dove può subire un processo di fermentazione e di decomposizione batterica, suscettibile a sua volta di innescare la fermentazione degli amidi. Sempre all'interno della terza inopportunità, l'Eubiotica rileva l'inconveniente dell'associazione tra gli alimenti dolcificati e gli alimenti amidacei e proteici. Nel primo caso, aggiungendo ai cereali zuccheri in quantità elevata, questi zuccheri fanno secernere saliva con poca ptialina, con conseguente pregiudizio nella digestione degli amidi. Nel secondo caso, ossia nell'associazione tra sostanze dolcificate e cibi proteici, si crea un effetto inibitore da parte degli zuccheri sulla secrezione del succo gastrico e sull'azione collaborativa della pepsina.

Gli effetti negativi di tutte queste incongrue associazioni sono plurimi, e alcuni di essi possono assumere connotazioni nefaste per il nostro organismo. Innanzitutto può derivarne una digestione difficoltosa e incompleta dei cibi nello stomaco, con conseguente eccessivo impegno per l'intestino, che dovrà supplire alle varie carenze per portare a termine la digestione. In presenza di una inadeguata e insoddisfacente attuazione del processo digestivo, ne potrà conseguire, oltre ad una incompleta utilizzazione dei cibi, anche l'innesco di fatti putrefattivi e fermentativi, in parte spontanei e in parte provocati dai batteri. Se a causare il fatto fermentativo sono i batteri, può scaturirne una vera e propria degradazione dei cibi mal digeriti, con produzione di sostanze tossiche, quali l'indolo, il fenolo, l'ammoniaca, l'acido acetico, il cui assorbimento provoca inevitabilmente una diminuzione dell'energia vitale, con conseguente indebolimento dei poteri di difesa dell'organismo. Evidentemente, una situazione del genere è impensabile per un operatore magnetico, quale che sia l'influenza che vuole mettere in atto, essendo categoricamente necessaria una buona salute fisica, prima che psichica e mentale.

Dal punto di vista calorico, l'Eubiotica suggerisce, per un dispendio energetico medio, un menu giornaliero composto dalla colazione del mattino, per un totale di 400 calorie, e da due monopiatti, rispettivamente a pranzo e a cena, per un totale di 1500-1600 calorie, con il quale si raggiungono o si rimane poco al di sotto delle salutari 2000 calorie al giorno.

A suggello di questo quadro "regolativo", dall'Eubiotica pervengono talune raccomandazioni che, se da una parte ribadiscono regole e prescrizioni di carattere generale, dall'altra si connotano come possibili acquisizioni per un habitus comportamentale suscettibile di divenire un vero e proprio stile di vita. La prima riguarda l'uso del sale: no al sale raffinato, sì al sale grezzo marino; ne basta di meno per condire di più.

La seconda riguarda l'associazione pasta-carne: la carne non va accoppiata alla pasta, né al latte e ai latticini; proteina non va associata a proteina, così come amido non deve sommarsi ad amido nel medesimo pasto. La terza ha a che fare con la frutta e la verdura: mai la frutta a fine pasto, verdura a volontà in accoppiata ai pasti principali, poca carne e tanta, tantissima verdura. La quarta riguarda l'uso del vino a tavola: il vino, poco, va bevuto solo in presenza di carne o di pesce, o di qualsivoglia prodotto animale. La quinta concerne l'uso dell'olio come condimento: se proprio non se ne può fare a meno, che sia olio extravergine d'oliva. La sesta, infine, è una "scherzosa" prescrizione di tipo motorio: passeggiare e fare le scale a piedi; dimenticare l'ascensore e accettare inviti da amici che abbiano l'abitazione in condominio al di sopra del quarto piano. Scrive George Herbert: "Chiunque sia stato il padre di una malattia, un'alimentazione non corretta ne è stata la madre".

YOGA E RESPIRAZIONE

Dal punto di vista biologico, l'uomo è un animale dell'ordine dei vertebrati e della classe dei mammiferi. Come noto, tutti i vertebrati respirano attraverso le narici; nessun vertebrato respira con la bocca, a meno che una malattia o un infortunio non abbia ostruito le narici, e in tal caso, fatta eccezione per l'uomo, il mutato modo respiratorio precede di poco la morte. Secondo la sua natura, l'uomo dovrebbe quindi respirare attraverso le narici; ma si dà il caso che moltissime persone, più o meno parzialmente, respirano con la bocca. Per la fisiologia, la respirazione attraverso la bocca, con conseguente diminuzione più o meno accentuata della respirazione nasale, comporta gravi inconvenienti di ordine fisico, il principale dei quali è che i polmoni non risultano sufficientemente aerati. Solo la respirazione dal naso permette, infatti, in condizioni favorevoli, di inalare una quantità di aria idonea a riempire completamente le cavità polmonari; e questo durante il brevissimo e normale tempo di una inspirazione, la cui durata non supera in genere i due o tre secondi. Ne consegue che le persone che respirano esclusivamente con la bocca vivono in uno stato permanente di asfissia parziale.

Sul piano anatomico, la cavità nasale al suo interno è simile ad un radiatore naturale, che riscalda l'aria fredda esterna prima che penetri nei polmoni; essa assolve inoltre alla funzione di filtro, in quanto impedisce alla polvere di entrare, mentre il muco che la riveste possiede a sua volta un certo potere battericida. A differenza dell'aria inalata dal naso, quella inspirata dalla bocca giunge non solo a temperatura esterna o quasi, ma anche carica di tutte le impurità in essa presenti.

Volendo risalire alla possibile causa di questa errata pratica respiratoria, pressoché generalizzata, probabilmente dobbiamo attribuire la maggiore responsabilità al cattivo stato cronico delle alte vie respiratorie, e precisamente delle fosse nasali e della parte superiore della faringe. Tale cattivo stato, che sembra essere un triste privilegio della nostra specie, l'uomo se lo porta dietro fin dalla nascita; nessuno, infatti, si meraviglia vedendo colare dalle narici del neonato un denso muco, che le mamme e le balie asciugano di continuo, considerando la cosa talmente normale da non meritare alcuna spiegazione.

La difficoltà di respirare dal naso decorre quindi dalla prima infanzia, e da essa deriva la pessima abitudine di respirare a bocca aperta, abitudine che si accentua e si consolida nelle fasi successive dell'età evolutiva grazie agli innumerevoli raffreddori di testa, che si ripetono puntualmente in ogni inverno e durano talvolta tutto l'anno. Questa fastidiosa e sgradevole predisposizione è sicuramente aggravata dal fatto che il naso ormai adempie imperfettamente alla sua funzione, e qualsiasi organo male utilizzato o del tutto inutilizzato rappresenta un pericolo permanente, giacché diviene con grande facilità sede di infezioni e di alterazioni patologiche; un naso che non respira o respira male si riempie di muco purulento cronico, di polipi, di vegetazioni e di altre indesiderabili produzioni.

Un altro modo di respirazione difettosa, peraltro molto

diffusa, è quello di respirare quasi esclusivamente con una sola narice; e poiché in un medesimo lasso di tempo una sola narice non può inspirare la stessa quantità d'aria che inspirano due narici, i polmoni non ne ricevono a sufficienza, per cui si tende a compensare, almeno in parte, questa carenza inalando l'aria dalla bocca e ricadendo perciò nel difetto d'origine. Nell'uno e nell'altro caso la respirazione risulta, comunque, inadeguata e i polmoni vengono aerati male.

Al difetto di inalazione si aggiunge non raramente il difetto di espirazione. Si può anzi dire che l'imperfezione espiratoria è pressoché generalizzata, da un lato per l'atrofia acquisita dei muscoli toracici mediani, dall'altro per la pigrizia abituale dei muscoli elevatori della parte superiore del petto e dei muscoli contrattori dell'addome; naturalmente, per l'una e per l'altra situazione ci sono delle eccezioni, rappresentate (è bene dirlo fin da adesso) da quanti sono impegnati nel controllo mirato del congegno respiratorio attraverso la pratica dello Yoga e particolarmente dello Hatha-Yoga.

Oltre alla quantità di aria ispirata ed espirata, occorre considerare anche la modalità in cui si respira, ossia il ritmo respiratorio. Per i Maestri dello Hatha-Yoga, il ritmo normale della respirazione (inspirazione ed espirazione) è di quindici respirazioni al minuto per l'uomo e di diciotto respirazioni per la donna. Le donne respirano più rapidamente degli uomini, dal momento che nella respirazione toracica (quella femminile) l'ispirazione e l'espirazione si svolgono più velocemente che nella respirazione addominale (quella maschile). La durata di questo ritmo è di quattro secondi nella respirazione maschile e di tre secondi circa nella respirazione femminile. I maschi, infatti, impiegano un secondo per l'inspirazione, un secondo per la ritenzione (di aria), due secondi per l'espirazione; le donne, invece impiegano due terzi di secondo per l'ispirazione, un secondo per la ritenzione, un secondo e due terzi per l'espirazione. Sul piano fisiologico, è assolutamente indispensabile trattenere l'aria nei polmoni per almeno un secondo, perché il sangue venga sufficientemente ossigenato.

A fronte di questi tempi minimi che caratterizzano il normale ritmo respiratorio, vi sono persone (soprattutto donne) che respirano con un ritmo molto più rapido, riducendo spesso a zero il tempo della ritenzione; e quando si respira in fretta il tempo necessario per una buona inspirazione e per una buona espirazione viene inevitabilmente ridotto. I danni fisici che ne derivano sono facilmente comprensibili, ma a questi se ne aggiungono almeno due, che non sempre vengono presi in seria considerazione.

Come è noto, vi è uno stretto collegamento tra il ritmo del respiro e quello della circolazione (il battito cardiaco), per cui, quando la respirazione è troppo precipitosa, il cuore, per mettersi al passo, è costretto a compiere un certo sforzo, con la conseguenza di subire un affaticamento, fonte di molti disturbi di cui si cerca l'origine in mille altre direzioni. In aggiunta alla connessione tra ritmo respiratorio e ritmo cardiaco ve ne è un'altra, di cui la medicina ufficiale quasi non si occupa, ed è il collegamento tra il ritmo della respirazione e quello del pensiero. Una persona che respira troppo in fretta è agitata mentalmente; le idee scorrono in un flusso precipitoso come se, volendo arrivare per prime, le une sospingessero le altre in forma convulsa e incontrollata. In una situazione siffatta qualsiasi concentrazione diventa impossibile, e l'attività mentale si muove in maniera confusa, disordinata, mutando direzione e natura secondo gli impulsi del momento. Accade inoltre abbastanza spesso che il ritmo respiratorio sia irregolare, a volte troppo lento, a volte troppo rapido; e l'attività del pensiero segue, quasi ineluttabilmente, la curva di tale irregolarità. Ne deriva che quanti respirano con ritmo irregolaresoffrono di instabilità tanto sul piano respiratorio quanto sul piano mentale. Va da sé che il rimedio a questo inconveniente, piuttosto che in uno sforzo di volontà per controllare il flusso disordinato delle idee, non può che consistere nell'impegno mirato a correggere il modo di respirare, in modo da pervenire ad un modo di respirare che possa definirsi normale.

Evidentemente, il primo passo consiste nel liberarsi dalla cattiva abitudine di respirare con la bocca, abitudine in genere acquisita per via dell'ostruzione delle narici. Per questo, occorre verificare se, tenendo la bocca chiusa, si riesce a respirare dal naso; e nel caso si incontri qualche difficoltà, bisogna controllare se il problema deriva dall'ostruzione di una sola narice o di entrambe. È ovvio che tale verifica ha valore solo se viene eseguita in assenza di disturbi momentanei alle vie respiratorie, quale può essere un raffreddore stagionale, un'influenza epidemica o una bronchite di passaggio. Se respirare attraverso il naso ci riesce facile o nel farlo non incontriamo grosse difficoltà, possiamo essere certi che la respirazione attraverso la bocca è soltanto una vecchia abitudine contratta in assenza di una oggettiva causa fisiologica. In questo caso, si tratta soltanto di sostituire una cattiva abitudine con una buona; e ciò è possibile se sorvegliamo puntualmente i nostri atti respiratori, obbligandoci a inalare l'aria dal naso tutte le volte che il pensiero corre al nostro modo di respirare.

Non raramente accade che al risveglio del mattino, senza che vi sia ostruzione delle cavità nasali per muco o congestione, ci si trovi a dover respirare da una sola narice. In tal caso si suggerisce di distendersi sul fianco opposto alla narice apparentemente chiusa; se, ad esempio, è la narice destra che avvertiamo ostruita, ci si stenda sul fianco sinistro, e viceversa ci si stenda sul fianco destro se a non funzionare è la narice sinistra. In via ordinaria, è sufficiente assumere tale posizione per qualche istante, perché la narice bloccata normalizzi le sue funzioni. Ottenuto l'effetto, occorre raddrizzarsi immediatamente, al fine di evitare che la narice pertinente al lato sul quale siamo appoggiati si blocchi a sua volta.

Una volta registrata la normalizzazione dell'atto respiratorio, ci si può impegnare, con la dovuta cautela, nella respirazione "profonda", nei termini e nei modi suggeriti dalla tecnica dello Hatha-Yoga. Nel linguaggio orientale, la respirazione profonda prende la denominazione di "pranayama", e nella dottrina dello Hatha-Yoga sono contemplati tre tipi di pranayama, diversi l'uno dall'altro a seconda del loro tempo base: il piccolo pranayama, che prevede un'inspirazione di 12 secondi, una ritenzione di 48, un'espirazione di 24; il pranayama medio, con un'inspirazione di 16 secondi, una ritenzione di 64 e un'espirazione di 32; il grande pranayama, con un'inspirazione di 20 secondi, una ritenzione di 80 e un'espirazione di 40. Per tutti e tre i tipi di respirazione profonda, lo schema è lo stesso: 1 – 4 – 2.

Evidentemente, trattandosi di modalità finalizzate al potenziamento del proprio benessere fisico, ai principianti si consiglia di porsi come obiettivo il piccolo pranayama, da perseguire progressivamente, partendo dalla formula più semplice 6-24-12, per procedere con le formule 8-32-16 e 10-40-20, e concludere con la formula base 12-48-24, le quali tutte possono eseguirsi senza sforzo e con una certa facilità. Riteniamo opportuno sottolineare che l'allenamento va praticato per gradi, e solo se il cuore e i polmoni sono perfettamente sani.

Se si volesse aumentare la durata della respirazione con troppa velocità, si avrebbe un risultato diametralmente opposto a quello desiderato, giacché ben presto si sarebbe obbligati a sospendere gli esercizi per difficoltà fisica.

Un'altra modalità del *pranayama* è la respirazione *alternata*, il cui esercizio può essere praticato in presenza di un funzionamento perfetto di entrambe le narici. I tempi di durata previsti per la respirazione "ritmata" valgono parimenti per quella alternata. Scegliendo, ad esempio, la formula 6-24-12, si appoggi il pollice della mano destra sulla narice destra e si inspiri l'aria dalla narice sinistra per 6 secondi; sempre con il pollice poggiato sulla narice destra, si chiuda la narice sinistra con l'anulare e il mignolo e si trattenga il respiro per 24 secondi; sollevando, infine, il pollice, si espella l'aria dalla narice destra in 12 secondi. Senza modificare la posizione delle dita, si inspiri l'aria dalla narice destra per 6 secondi; appoggiando di nuovo il pollice sulla narice destra e mantenendo la narice sinistra sempre chiusa con le due dita (l'anulare e il mignolo della mano sinistra), si trattenga l'aria per 24 secondi; sempre poggiando il pollice destro sulla narice destra, si sollevi l'anulare e il mignolo dalla narice sinistra e si espella da essa l'aria in 12 secondi. Con l'esecuzione del terzo momento si conclude un ciclo completo di pranayama con modalità alternata.

Agli inizi, il consiglio è di non ripetere l'operazione per più di sei volte di seguito; ci si accorgerà ben presto di poter raddoppiare questo numero senza inconvenienti dopo un certo allenamento. Evidentemente, è più difficile prolungare la durata del ritmo respiratorio nella respirazione alternata che nella respirazione completa, risultando la quantità di aria inspirata necessariamente minore.

Nell'arco di sette-otto settimane, si prova la sensazione di disporre di un potenziale psicofisico insospettato. Dopo un certo numero di sedute, si assiste a una modificazione dell'espressione del viso, lo sguardo appare più sicuro, il cuore si riempie di fiducia; proseguendo nell'allenamento, i miglioramenti diventano più visibili: l'energia si accresce, il dinamismo raddoppia, tutti i piccoli malesseri di cui si soffriva scompaiono come per incanto, la salute si consolida. Ci si stanca di meno nei lavori faticosi; si affronta il caldo e il freddo senza paura di ammalarsi; si è meno impressionabili, ci si avverte più coraggiosi, e anche quelle emozioni che provocavano disagio in passato non lasciano più che dei segni di scarso valore destinati a sparire rapidamente.

Andando avanti nel tempo, in seguito ad un allenamento costante di quattro-cinque volte al giorno, si riesce a guarire da eventuali lievi affezioni, anche se cronicizzate; a risentirne beneficamente sono soprattutto i disturbi che riguardano i polmoni, lo stomaco, l'intestino. Notevoli miglioramenti si registrano ugualmente nei casi di anemia, di difficoltà mestruali nella donna, e in tutte le situazioni di cattivo funzionamento della circolazione. Ai livelli alti, l'obiettivo del pranayama è il *dominio* del corpo fisico, e quando la mente, attraverso il controllo del *prana*, si sarà impadronita del corpo fisico, si riuscirà ad acquistare una buona parte di quei meravigliosi e straordinari poteri, che solo ai profani e agli insipienti possono sembrare fuori dalle umane possibilità, mentre non sono che qualità *naturali*, le quali, presenti allo stato latente in ogni individuo, una volta *risvegliate*, diventano vive e operanti.

LO SGUARDO MAGNETICO

Nell'immaginario collettivo, lo sguardo viene ritenuto uno strumento formidabile di suggestione e viene caricato di poteri che trascendono la sua ordinaria funzionalità organica. Nell'esperienza comune si rileva che vi sono alcuni individui di cui è molto difficile sostenere lo sguardo, e che alcune persone, attraverso lo sguardo, sono in grado di produrre un'azione sgradevole e perfino nefasta; fino a qualche tempo fa, in certe regioni, si credeva al potere degli iettatori, ossia al potere che certi individui hanno di gettare il malocchio con l'azione malefica dello sguardo.

Uscendo dall'immaginario e superando i limiti del sentimento comune, se si ammette che l'occhio di qualche individuo, tendenzialmente portato al maleficio, possa influenzare in maniera nefasta, si può e si deve anche ammettere che lo sguardo dolce e benevolo di un individuo simpatico, in perfetto equilibrio psico-fisico, con vocazione più o meno consapevole al beneficio, sia in grado di esercitare un'azione benefica e salutare; e, se l'occhio è suscettibile di produrre benefici, risulta evidente come da esso ci si possano attendere grandi servigi, soprattutto quando la personalità magnetica ha raggiunto un elevato grado di sviluppo.

Come per gli altri poteri magnetici, anche lo sguardo magnetico non è un dono connaturato all'individuo umano, giacché anch'esso lo si raggiunge e lo si acquista con l'esercizio e con lo sforzo. Una volta acquisito, se ben concentrato sulla persona che si vuole influenzare, esso esercita un'azione analoga alla fascinazione animale, essendo l'espressione di una volontà forte, proiettata attraverso due occhi con muscoli e nervi, che si sono progressivamente sviluppati, pervenendo ad un grado straordinario di fissità e di potenza. Ne segue che, se ci si pone l'obiettivo di acquisire lo sguardo magnetico, è assolutamente necessario allenarsi ed eseguire un certo numero di esercizi con fermezza e perseveranza. Durante l'esercitazione occorrerà operare in maniera intelligente, dovendo tutti gli sforzi compiersi a livello interno, senza battere minimamente le palpebre, senza contrarre i muscoli del viso, senza lasciar trasparire all'esterno alcuno stato di tensione. La respirazione, sempre attraverso le narici, dovrà essere regolare e l'espressione del volto calma e tranquilla, come di chi stia assistendo a qualcosa di piacevole.

Sul piano tecnico, gli esercizi in cui ci si dovrà impegnare si possono distinguere in propedeutici e pratici. Attraverso i primi, la finalità è quella di abituare lo sguardo alla fissità e alla massima concentrazione; attraverso i secondi, lo scopo è quello di saggiare il grado di sviluppo magnetico raggiunto nel corso dell'allenamento.

Tra gli esercizi a carattere propedeutico, il procedimento classico è il seguente: si prenda un foglio di carta di dimensioni A3 e si tracci al centro un tondo in nero di un centimetro di diametro; si disponga il foglio sulla parete a una certa altezza, ci si accomodi su una sedia o su uno sgabello a due metri circa di distanza e, restando immobili, si fissi il tondo in nero per il maggior tempo possibile. Agli inizi si avvertirà lampeggiamento agli occhi e una leggera lacrimazione, ma successivamente non si avvertirà più alcun fastidio e si potrà fissare più a lungo lo sguardo sul foglio. Quanti hanno una certa dimestichezza con la tecnica della concentrazione non dureranno fatica a compiere tale esercizio per due, tre minuti nella fase iniziale, per procedere nel giro di qualche settimana per dieci, quindici minuti, o anche più. Quanti, invece, sono ancora agli inizi dell'itinerario evolutivo incontreranno una certa difficoltà a proseguire nella concentrazione; per costoro il suggerimento è di impegnarsi a fissare il cerchio in nero prima per un minuto, poi per due, e così, progressivamente, per cinque, per dieci, e perfino per quindici minuti.

Una volta conseguita la padronanza dello sguardo, si potrà passare alla fase sperimentale. Trovandovi in un salotto, in una chiesa, in un teatro, o in un luogo qualsiasi in cui vi sia un assembramento di persone, prendete di mira un soggetto che vi sta davanti alla distanza di due-tre metri e fissatelo sul dorso, concentrando tutta la vostra energia sull'idea di agire su di lui e di farlo girare dalla vostra parte. Se il vostro bersaglio è un tipo impressionabile, il fine sarà raggiunto in meno di un minuto. Se, invece, è poco impressionabile, occorrerà qualche tempo in più, ma è molto difficile che il risultato non venga conseguito entro tre-quattro minuti. Dapprima il soggetto farà qualche movimento con le spalle, come se provasse un po' di solletico, poi lo si vedrà portare la mano sulla schiena come se avvertisse di essere toccato, e infine compirà il gesto di voltarsi dalla vostra parte.

Dopo aver praticato con successo l'esperimento da fermi, ci si può cimentare in esperienze analoghe in situazione di movimento. Trovandovi, ad esempio, a camminare per una strada, potrete prendere di mira una persona che vi precede a distanza di due-tre metri; cercando di mantenere lo stesso passo, fisserete lo sguardo sul suo dorso con grande energia. Con vostra meraviglia vedrete il vostro soggetto voltarsi dalla vostra parte con aria infastidita, come se avvertisse di essere importunato.

Qualora questa seconda modalità abbia avuto successo, la sperimentazione potrà procedere in termini più impegnativi, proponendoci che il nostro soggetto si giri verso destra o verso sinistra. Formulando chiaramente nella nostra mente l'idea di destra o di sinistra, raggiungeremo lo scopo abbastanza facilmente. Trovandoci in un autobus di città o in una vettura della metropolitana, scegliamo come nostro bersaglio una persona che sia seduta dalla parte opposta, ma all'estrema destra o all'estrema sinistra. Se si vuole, si può simulare di guardare diritto, in modo da lasciar credere al soggetto preso di mira di non essere fissato; ma noi lo guarderemo obliquamente, di sottecchi, orientando sul nostro bersaglio una corrente mentale, la più forte possibile, mentre con tutta l'energia di cui siamo capaci ci concentreremo sull'idea che il soggetto diriga gli occhi verso la nostra parte. Se l'esperimento sarà ben condotto, il risultato non si farà attendere; la persona che avremo preso di mira punterà inevitabilmente il suo sguardo su di noi. Il successo ottenuto in queste esercitazioni ci darà la misura del nostro potere di influenza magnetica per orientarci verso obiettivi di maggiore portata.

Sceglieremo allora, come soggetto di esperimento, un amico o una persona qualunque con cui siamo in rapporto, proponendoci il fine attraverso lo sguardo di ottenere un servigio o, meglio ancora, un oggetto in suo possesso. Concentreremo il nostro pensiero sull'idea del passaggio nelle nostre mani dell'oggetto preso di mira e ci piazzeremo di fronte al nostro soggetto, fissandolo con dolcezza, ma anche con persistenza, con lo specifico scopo di ordinare mentalmente al suo cervello di consegnarci l'oggetto (l'orologio, la catenina, il bracciale...). Se la penetrazione dello sguardo sarà sufficientemente adeguata e la concentrazione del pensiero sarà al giusto grado di intensità, il soggetto rimarrà soggiogato e in un tempo relativamente breve finirà per metterci nelle mani l'oggetto da noi preteso.

I risultati conseguiti attraverso la sperimentazione, oltre a darci la misura del nostro stadio evolutivo, devono soprattutto servire a rafforzare la nostra fiducia nella pratica magnetica e sugli innegabili benefici che ne derivano sul piano della quotidianità. Una cosa da tener presente è che la persona su cui si sta agendo non sappia di essere oggetto di sperimentazione, giacché, nel caso sapesse o semplicemente sospettasse, sicuramente opporrebbe delle resistenze e all'occorrenza potrebbe ritirarsi, facendo fallire l'esperimento. E, comunque, occorre molto tatto e molta prudenza.

Lo studioso Turnbull ci trova pienamente d'accordo quando sostiene che la discrezione è un dovere assoluto. In linea di massima, noi riteniamo che sia il grado evolutivo del nostro magnetismo, sia l'applicazione dei propri poteri magnetici debbano restare nella massima segretezza, giacché anche i nostri migliori amici diffiderebbero di noi, avrebbero paura e perfino temerebbero la stessa nostra presenza, se solo ci supponessero capaci di sottometterli a nostro piacimento. La considerazione che si può fare al riguardo è che, fatta eccezione per i magnetizzatori da circo o da spettacolo televisivo, i quali, facendone una professione, sono costretti dalle circostanze non solo a ostentare, ma anche ad accentuare la reale portata dei loro poteri, tutti gli altri, che non hanno da viverci e si prefiggono lo scopo esclusivo di progredire nel lungo e faticoso cammino dell'evoluzione magnetica, hanno solo da guadagnarci se tengono per sé le conquiste fatte e i passi via via compiuti.

Chi non conosce i principi etici su cui si fonda la scienza del magnetismo personale potrebbe essere indotto dal successo dei suoi esperimenti a sfruttare i propri poteri per ottenere indiscriminatamente dal prossimo tutto ciò che vuole o desidera, sconfinando nell'abuso e nell'illecito. Si tratterebbe di un errore grossolano, perché, se ciò accadesse, l'autore ne subirebbe le inevitabili conseguenze, con la perdita immediata di gran parte della sua forza, divenendo la prima e principale vittima della sua colpevole fraudolenza.

A ciascuno sia chiaro che l'uomo magnetico non può perseguire fini puramente egoistici, dovendo aver sempre nella propria mente "l'idea di non fare mai agli altri ciò che non vorrebbe si facesse a lui"; e poi, l'itinerario dell'evoluzione magnetica, in quanto itinerario di perfezionamento, non può che essere un percorso di ascesa spirituale, e quindi un esclusivo *cammino verso il bene*.

LA POLARITÀ MAGNETICA

Occultisti e studiosi di magnetismo umano hanno da sempre sostenuto che il corpo dell'uomo presenta dei poli positivi e dei poli negativi. Vi si ritrova infatti la grande terna della Cabala: positivo, negativo, equilibrio. Le due linee mediane del corpo, perpendicolari l'una all'altra, offrono una regione in equilibrio; la parte superiore, il lato destro e la parte anteriore sono positivi; la parte inferiore, il lato sinistro e la parte posteriore sono negativi. Questo schema è in linea con quanto afferma la scienza indù, per la quale tutta la parte anteriore del corpo umano è positiva, mascolina, proiettiva; tutta la parte dorsale è negativa, femminina, attrattiva. Corre l'obbligo di sottolineare che l'uso del termine "negativo" in opposizione a "positivo" è alquanto improprio, giacché il negativo in natura non può esistere. L'influenza negativa è zero, e nel corpo umano, come in qualunque aspetto della natura, non vi è nulla che equivalga a zero. Nel magnetismo vi è una forza di proiezione che si può anche definire "positiva"; ma vi è ugualmente una forza attirante, o di attrazione, che non può definirsi "negativa". A ciò è opportuno aggiungere in maniera più esplicita che alcune parti del corpo, come il cervello destro, il braccio destro, gli organi genitali e la gamba destra hanno polarità magnetica positiva; altre, come il cervello sinistro, il braccio sinistro, la gamba sinistra e il dorso, sono attrattive. Sono in equilibrio il petto e il cuore, così come la fronte, che è però anche positiva e attrattiva.

Ma, se l'individuo in quanto tale possiede entrambe le polarità, gli uomini, nella loro generalità, si dividono in positivi (o proiettivi) e attrattivi. Ogni uomo, ed evidentemente ogni donna, sarà di polarità proiettiva o attrattiva a seconda del proprio temperamento. L'equilibrio magnetico è una rarità, ed è prerogativa di quanti godono dei due poteri, di proiezione e di attrazione. Il traguardo di ogni essere superiore dovrebbe essere la conquista dell'equilibrio magnetico, ma siamo costretti ad ammettere che nel tempo corrente una tale conquista è pressoché impossibile. Pertanto, anche ai livelli alti, non resta che fortificare i doni della natura, sviluppando e potenziando la qualità magnetica originaria.

L'individuo di polarità proiettiva si caratterizza per il suo potere di comando, di influenza, di dominio; l'attrattivo gode del dono prezioso dell'attrazione, dell'affabilità, della simpatia immediata. A parte qualche eccezione, la gran parte degli individui beneficia del massimo della propria potenza magnetica, positiva o attrattiva, solo in alcune ore del giorno e della notte e in determinati periodi dell'anno. Sarà con l'allenamento e con l'esercizio prolungato che si giungerà a mantenere per l'intera giornata il proprio potenziale magnetico.

Risulta senz'altro utile sottolineare le caratteristiche che contraddistinguono le due polarità, al fine anche di raccogliere delle indicazioni per la scoperta della propria polarità magnetica.

Il positivo si alza presto al mattino ed esplica volentieri la sua attività durante il giorno.

L'attrattivo dimostra una certa tendenza ad alzarsi tardi e preferisce impegnarsi nelle attività di natura intellettiva durante le ore notturne.

Il positivo, mentre cammina, si appoggia maggiormente sulla gamba destra; l'attrattivo sulla gamba sinistra.

Il positivo, in genere, è un individuo attivo, pratico; predilige il lavoro dinamico, e il più delle volte è un uomo d'impresa o d'affari.

L'attrattivo, nella generalità dei casi, è un tipo cerebrale, un immaginativo, non raramente un artista. Se si dedica ad un mestiere o ad una professione, riesce meglio nei lavori leggeri, quelli che non comportano sforzi fisici, ma richiedono piuttosto riflessione, precisione, senso estetico.

Il positivo possiede un temperamento secco, l'attrattivo un temperamento umido.

Il positivo ama la lotta, il rischio, l'avventura; l'attrattivo predilige i piaceri dell'amore, della sensualità fisica, del compiacimento psicologico.

Queste diversità potrebbero moltiplicarsi all'infinito, data la vastissima gamma di atteggiamenti che contrassegna l'attività umana; è compito di ognuno scoprire, mediante un'attenta osservazione, le qualità di positivo o di attrattivo sia in noi stessi sia in coloro a cui siamo interessati. Ai fini della scoperta, al di là delle connotazioni comportamentali, esiste anche un criterio di facilissima lettura.

L'indicazione precisa si trova ai lati del ventre. Il positivo prova come una leggera debolezza, qualcosa di indefinibile, ma molto percettibile, sulla parte destra del ventre, all'altezza dell'inguine. È ovvio che non si tratta di un vero e proprio indolenzimento, ma di una specie di sensibilità in questa parte del corpo. In taluni individui, sia perché dotati di sviluppata sensitività, sia perché avanti negli esercizi di potenziamento fluidico, tale sensibilità è avvertita lungo tutto il lato destro, nel braccio come nella gamba. Per l'attrattivo il lieve disturbo si manifesta nella parte sinistra del ventre, ma in forma più accentuata.

Sempre in via "diagnostica", se si osservano due individui completamente nudi, si ha modo di cogliere che il positivo presenta una leggera inflessione sul lato destro, molto marcata soprattutto all'altezza del fianco; l'attrattivo manifesta questa inclinazione sul lato sinistro. La spiegazione di tale particolarità, per la scienza del magnetismo, rimanda al fatto che l'impiego del fluido, sia in senso proiettivo che in senso attrattivo, non avviene senza sforzo, senza usura; di qui l'inclinazione del corpo verso destra o verso sinistra. Nell'attrattivo non vi è proiezione, ma attrazione; pur nondimeno il risultato è identico dal punto di vista dello sforzo, anzi la sensibilità risulta più acuta a causa del maggiore impegno del lavoro di attrazione. Per inciso, è utile ricordare che la polarità positiva non è prerogativa dei soli uomini e che una donna può disporre a livello alto di un temperamento proiettivo; lo stesso si può dire del soggetto maschile per ciò che riguarda la polarità attrattiva.

I Maestri avvertono che non è possibile trasformare un temperamento attrattivo in proiettivo, o viceversa. Tutt'al più, mediante lunghi e tenaci sforzi, si potrebbe raggiungere l'equilibrio, ma nella nostra civiltà le stesse necessità sociali costituiscono degli ostacoli insormontabili per chiunque voglia prefiggersi di realizzare questo obiettivo. Soltanto alcuni iniziati hanno modo di giungervi, perché in possesso dell'energia sufficiente per astrarsi dall'ambiente circostante. Il suggerimento, pertanto, è di sviluppare la propria polarità magnetica con esercizi appropriati e di cercare nel compagno o nella compagna della vita la polarità contraria. Saranno principalmente esercizi di respirazione, ma anche di concentrazione e di meditazione, tendenti da una parte a fortificare il proprio patrimonio fluidico, dall'altra a potenziare i centri motori del meccanismo magnetico, ossia i chakra.

IL POTERE DI CONCENTRAZIONE E DI MEDITAZIONE

Il grande studioso di magnetismo umano, Hector Durville, definisce la concentrazione "l'arte di isolarsi dalle impressioni esterne per costringere l'attenzione, vincere l'indifferenza e dominare, al contempo, le forze fisiche e psichiche". Ci permettiamo di aggiungere che la concentrazione è la risultante della felice combinazione di tre fattori essenziali: l'attenzione, la perseveranza, la padronanza di sé. Se l'attenzione obbliga la mente a fissarsi su un oggetto determinato, la perseveranza la impegna a restare con l'oggetto prescelto, e la padronanza di sé le impedisce di distogliersi dalla scelta operata. Concentrarsi significa, in altri termini, riportare al loro "centro" tutte le proprie forze, raccogliere tutta la propria energia, fare appello a tutta la propria intelligenza e a tutta la propria volontà, per fronteggiare, con maggiore sicurezza, gli eventuali ostacoli che potrebbero opporsi al conseguimento dell'obiettivo che si intende raggiungere. In linguaggio elementare, concentrarsi consiste nel darsi anima e corpo a ciò che si fa, per farlo meglio e più rapidamente. I Maestri insistono sul possesso del potere di concentrazione, per il fatto che esso esercita un ruolo importantissimo in tutte le grandi circostanze della vita. È grazie alla concentrazione che i veri fachiri non solo resistono al dolore fisico, ma non lo avvertono neanche; ed è per suo mezzo che taluni yogi indiani producono, per la delizia di turisti interessati, fenomeni straordinari, come la germinazione di un seme in un mucchietto di terra sul palmo della mano. Essi (i Maestri) sottolineano, comunque, che solo pochi individui possiedono questa capacità allo stato naturale, e che tutti gli altri hanno bisogno di svilupparla attraverso un allenamento sistematico e una seria pratica sperimentale. Proprio in materia di esercitazione, contrariamente a quanto si possa immaginare, i Maestri, oltre che all'educazione del mentale, assegnano grande importanza all'acquisizione della padronanza dei propri movimenti fisici, e quindi ritengono molto utile allo scopo qualunque forma di attività ginnica. Accanto e in parallelo alla frequentazione della palestra, sono consigliati, specialmente per i principianti, taluni esercizi mirati.

Restando ritti sulla sedia, con la testa ben rigida, il mento allungato e le spalle ritirate quanto più possibile, si sollevi lateralmente il braccio destro fino all'altezza della spalla; si giri poi la testa a destra guardando le punte delle dita e si mantenga il braccio in posizione orizzontale per almeno un minuto. Si ripeta la stessa operazione con il braccio sinistro e, allorché i movimenti avranno acquistato in agevolezza e precisione, si prolunghi di giorno in giorno la durata dell'esercizio, passando da uno a due minuti, poi da due a tre, successivamente da tre a quattro, e infine da quattro a cinque.

Si prenda in mano una comunissima matita e ci si concentri completamente su di essa. La si osservi, la si faccia girare tra le mani, la si soppesi; ci si chieda sul suo uso, sulla sua utilità, sul materiale di cui è fatta, sulla modalità della sua fabbricazione e su ogni altro aspetto che possa venire in mente. Senza lasciarsi distrarre da alcunché, si provi a immaginare di non poter dare miglior senso alla propria vita né prefiggersi uno scopo più nobile all'infuori dello studio di questa matita; si provi a immaginare anche che il mondo intero è racchiuso in quell'oggetto e che l'intero universo non contiene altro che noi e la nostra matita. Quanto più si resterà fissi su quest'ultima immagine, tanto più l'esercizio sarà riuscito. Con riferimento a questo esercizio, non si creda però che la semplicità dell'operazione sia una garanzia di successo; al contrario, è molto più arduo portare a buon fine un esperimento, allorché la sua modalità di esecuzione si presenta apparentemente semplice. È, infatti, estremamente difficile fissare tutta la propria forza intellettiva su un oggetto insignificante; per riuscire, occorre tanta energia, ferma volontà e soprattutto perseveranza. Il successo conseguito in una simile circostanza costituisce una vittoria di notevole portata, e comunque di valore superiore a quanto si possa pensare.

Durante una passeggiata in centro città o sul lungomare durante l'estate, ci si impegni ad esaminare le persone che si incontrano, cercando di osservare nei minimi particolari la linea e il colore dei loro abiti, la forma delle loro scarpe, il taglio dei capelli, i lineamenti del viso, il portamento, i gesti e ogni altro aspetto che possa colpire in qualche modo. Oltre che sulle persone, si appunti l'attenzione anche sulle mille cose che può capitare di notare, e a distanza di poco tempo non solo si acquisterà la facoltà del colpo d'occhio, ma anche quella di ricordare a lungo ciò che si è attentamente osservato.

La pratica prolungata di questi esercizi mirati si riveleranno di grande efficacia per quanti avranno profuso il loro impegno in maniera diligente e scrupolosa. Essi avranno il dominio sui loro pensieri e potranno orientarli a piacimento, secondo le loro inclinazioni, i loro desideri, i loro bisogni; avvertiranno di sentirsi più forti ed equilibrati sia nel fisico che nel morale, con la chiara percezione della padronanza del proprio corpo e della propria mente; porteranno avanti il loro lavoro abituale al meglio delle possibilità; riusciranno a riposare bene in qualunque momento del giorno e della notte; avvertiranno la certezza che il loro magnetismo personale ha fatto dei passi in avanti e sta rapidamente progredendo.

Per la scienza del magnetismo, la *meditazione* è uno stato di intensa concentrazione nel quale entra la nostra mente, allorché riversa tutta la sua attenzione su un soggetto o un oggetto determinato, per riflettere su di esso, esaminarlo in profondità, studiarlo con il massimo dell'impegno, conoscerlo nella sua piena completezza. Per i Maestri, quale che sia la scuola di appartenenza, è grazie alla meditazione che si raggiunge l'ispirazione, quella speciale condizione mentale che, mettendo in moto tutte le facoltà intellettive, permette di trovare la soluzione di un annoso problema, di far luce su un concetto oscuro ed enigmatico, di scoprire un significato recondito, di creare qualcosa di bello o di utile per sé e per gli altri.

Proprio nel corso di un'attività di meditazione condotta a livelli elevati, persone particolarmente dotate e a stadi alti di evoluzione magnetica riescono a sdoppiarsi, a realizzare l'ubiquità, a sfidare la legge di gravità.

Se la concentrazione educa la mente a pensare solo a ciò che si fa, la meditazione mette l'individuo in grado di fissare tutta la propria attenzione su un tema astratto, su un'idea filosofica, su un'immagine metafisica, su un progetto di vita, che si vuole penetrare in profondità e sviluppare in tutte le sue implicanze e consequenzialità.

Per meditare utilmente ed efficacemente bisogna essere nelle migliori condizioni fisiche e psichiche, e avere preliminarmente praticato il silenzio mentale per cinque, sei minuti. Solo in tal modo si riesce ad aprire completamente il campo della coscienza, rendendo possibile la ricezione di pensieri, idee, sentimenti, influenze benefiche e positive, che circolano nell'etere alla nostra stessa lunghezza d'onda e che, proprio per questo, possono essere captati e accolti. Sulla base di tale meccanismo si possono vivere momenti di particolare lucidità, nei quali ci sembra di essere attraversati da colpi di genio, da flash illuminanti, da scoperte straordinarie, restando ammirati del livello delle nostre facoltà. Se, con un piccolo sforzo, superiamo la naturale, fisiologica esaltazione, ci rendiamo ben presto conto che quei momenti sono singolari, eccezionali e, malgrado noi, irripetibili, che rimandano ad altro da noi, a sorgenti insospettate e imprevedibili, all'interno di un circuito vibrazionale che si muove oltre il piano fisico, seguendo traiettorie e campi magnetici propri del mondo sottile. Una volta penetrate nel nostro mentale, noi sottoporremo queste forme-pensiero a un attento esame, le vaglieremo con ponderazione e decideremo di utilizzarle o meno a seconda delle nostre esigenze e dell'indirizzo che avremo dato alla nostra attività di ricerca o di scoperta.

Si può meditare dappertutto: in piena campagna, nei boschi, sulla spiaggia in riva al mare, sulla cresta di un monte, ma anche nella propria camera da letto, nel proprio studio o nel salotto di casa; ma i migliori risultati si ottengono nella solitudine. Taluni, per entrare in meditazione, hanno bisogno di uno sfondo particolare: un prato erboso, il cielo stellato, il rumore carezzevole di una cascata, una melodia di Bach appena percettibile. Se ben diretta, la meditazione è il miglior veicolo per lo sviluppo del magnetismo personale.

Il francese Payot, grande studioso di magnetismo umano, così annota, nel suo saggio *L'educazione della volontà*, sul ruolo della meditazione: "Essa (la meditazione) suscita possenti moti dell'animo e della mente; trasforma le velleità in risoluzioni energiche; neutralizza le suggestioni esercitate dal linguaggio e dalle passioni; permette di guardare al futuro con grande lucidità, di prevedere i pericoli provenienti dal proprio interno, di evitare che le circostanze esterne diano una mano alla nostra pigrizia innata; mette nella possibilità di trarre dall'esperienza di ogni giorno delle regole di vita che, dapprima provvisorie e contingenti, vanno assumendo nel tempo stabilità e nitidezza, e finiscono per acquistare l'autorità di norme direttrici della nostra condotta".

Sul piano metodologico, nostri maestri in fatto di meditazione restano gli orientali, dai quali apprendiamo che durante tutto il tempo impegnato nell'esercizio di meditazione occorre ripetersi mentalmente una stessa sillaba sonora. Tra i suoni proposti dalla Tradizione, quello più in uso in Occidente è la sillaba *Om*, prescelta sia per la sua semplicità sia per la sperimentata efficacia; lo scopo è quello di arrestare il flusso della produzione immaginativa, cosa molto difficile per noi occidentali, travolti come siamo dalle infinite immagini della pubblicità, specialmente di quella radiofonica e televisiva che ci martella in ogni ora del giorno e della notte. In altri termini, se vogliamo entrare efficacemente nello stato di meditazione, dobbiamo fare il vuoto nella nostra mente. Al di là dell'espediente di natura ausiliaria, quale può essere la ripetizione mentale del suono *Om*, taluni studiosi (occidentali) suggeriscono di fissare la mente sull'idea del *nero*, ossia di immaginare di vedere del nero: un punto nero, una macchia nera, una parete nera; e, se qualche pensiero estraneo si frappone, occorre scacciarlo e tornare a vedere del nero, ancora del nero e non pensare ad altro che al nero. Questa tecnica, alla quale è stata data la denominazione di *zeroideismo*, conferisce alla mente ordine e chiarezza e una straordinaria capacità di concentrarsi su un pensiero unico. È un po' quello che accade quando vogliamo schiarirci gli occhi e li copriamo per qualche secondo con le mani, creando temporaneamente il buio.

La gente comune ritiene che sospendere il corso dei pensieri sia una cosa semplice e che sia possibile ottenere il risultato fin dal primo tentativo. Nella realtà, anche sulla base delle esperienze e delle testimonianze raccolte, è molto difficile trovare qualcuno che sia riuscito a sospendere, a piacimento, il corso dei suoi pensieri (consci e inconsci), prima di essersi sforzato seriamente da 150 a 200 volte. Il fatto di non pensare a niente sembra un paradosso, giacché al senso comune il pensatore, il pensare e il contenuto del pensiero appaiono come tre elementi distinti, che tuttavia si intrecciano e si condizionano tra di loro; non vi è infatti pensatore senza un'attività di pensiero, e non vi è pensiero senza un contenuto pensato; e a sua volta non vi è oggetto pensato senza l'attività del pensare, e non vi è il pensare senza il pensatore. Di qui la conclusione del grande Parmenide (VI-V secolo a.C.): pensare a niente è come non pensare. Nella nostra argomentazione, creare la "notte mentale" consisterebbe nel voler sottomettere il pensiero al pensatore; ed ecco il paradosso.

Sul piano tecnico, ci piace scomodare il suggerimento di Paul-Clément Jagot, il celebre autore del saggio *L'influence à distance*, il quale propone il seguente esercizio, da ripetere quotidianamente, e per molti giorni.

Ci si sieda o ci si distenda in una posizione che induca il rilassamento muscolare. Non ci si prefigga, all'inizio, di arrestare il flusso dei pensieri, ma unicamente di rilassare il tono muscolare e di raggiungere il massimo dell'immobilità. Dopo dieci-quindici minuti in questa posizione, si cessi, come premendo un interruttore, di prestare attenzione alle immagini e alle idee che si presentano alla mente. Si assuma, cioè, un atteggiamento mentale di indifferenza e si consideri qualunque oggetto o concetto come uno spettacolo privo di interesse, dicendosi mentalmente "ciò mi è assolutamente indifferente" o l'analogo "ciò non mi interessa affatto". Con gli occhi semichiusi, si immagini di vedere i contorni del proprio corpo e ci si fissi a lungo su questa visualizzazione. Dopo una decina di prove, ci si accorgerà che si è stati in grado di sospendere totalmente l'attività di pensiero per cinque, dieci e anche quindici secondi. Reiterando l'esercizio ogni giorno, le sospensioni si protrarranno per due, tre minuti, e, dopo un certo tempo, si perverrà a "non pensare a niente" fino a dieci, quindici minuti. Tale stato di "notte mentale" cessa di colpo, non appena interviene anche la più fugace intenzione di porvi termine. È da sottolineare che il ritorno alla normalità è quasi sempre accompagnato da una sensazione di benessere psicofisico e di potenziamento delle proprie energie.

Da studi recenti sullo stato meditativo emerge il dato che tre sono gli elementi essenziali per avvicinarsi alla meditazione: rilassamento, osservazione, assenza di giudizio. Ciò significa riuscire a osservare in modo rilassato ciò che accade, senza ingaggiare una lotta per controllare pensieri ed emozioni, e ancor più senza giudicare ciò che pensiamo o sentiamo, *seguendo la via dell'acqua*.

Seguire la via dell'acqua consiste, sul piano tecnico, nel lasciare che le esperienze ci accadano in assenza di giudizio e di resistenza da parte nostra, nell'essere fluidi come l'acqua, la quale, per sua natura intrinseca, si adatta spontaneamente al contenitore che l'accoglie. Questo, che può sembrare scontato o addirittura banale, è molto difficile da realizzare, perché ordinariamente tendiamo a farci assorbire completamente da ciò che stiamo vivendo, a identificarci con i nostri pensieri e con le nostre emozioni, e siamo istintivamente portati a giudicare noi stessi e gli altri, e a valutare costantemente le situazioni che stiamo vivendo in buone e cattive, in positive e negative.

I Maestri ci avvertono che entrare in meditazione significa rimanere nel presente, cogliendo di ogni momento tutti gli aspetti positivi; significa riscoprire la capacità di fermarsi ad ammirare un fiore e gustarne appieno la bellezza, o riuscire a giocare con le poliedriche forme delle nuvole che si muovono nel cielo in una giornata qualunque.

All'interno delle ultime ricerche sull'attività di meditazione, un radiologo dell'Università di Pensylvania ha mappato le aree cerebrali di un gruppo di monaci buddhisti tibetani durante le loro meditazioni, riuscendo, tramite dei traccianti radioattivi iniettati nel sangue, a descrivere le variazioni dello stato del cervello rispetto alle condizioni normali. Sono stati rilevati un aumento dell'attività nella parte anteriore del cervello, che solitamente si attiva quando la mente si concentra su un particolare oggetto o soggetto, e una diminuzione dell'attività nella parte posteriore, che solitamente entra in gioco allorché la mente punta a orientarsi in una particolare situazione. La conclusione della scienza profana è che la meditazione provoca la diminuzione della coscienza rispetto al mondo circostante. A questo riguardo ci viene in aiuto una notazione di *Mère* sulla meditazione: "Le condizioni in cui gli uomini vivono sulla terra sono il risultato del loro stato di coscienza. Voler cambiare le condizioni senza cambiare la coscienza è una vana chimera".

ISOLAMENTO E SILENZIO MENTALE

È noto come l'organismo umano alterni in via naturale periodi di attività, nei quali consuma energia, a periodi di riposo in cui recupera energia. Questi due spazi temporali sono di norma lo stato di veglia e lo stato di sonno. Di norma, l'adulto ha bisogno di dormire per circa un terzo del tempo (le famose otto ore), o quantomeno per una durata proporzionale alla quantità di energia impegnata nel tempo destinato alle occupazioni. Quanto al recupero energetico durante il sonno, da più parti si concorda che, affinché la ricarica possa aver luogo nella sua completezza, occorre che la stanchezza fisica, alla fine della giornata, sia totale. Da studi recenti emerge, infatti, che l'iperattività fisica libera sul piano biofisico delle endorfine che permettono alla nostra mente di spazzare via i pensieri neri che inevitabilmente conseguono allo stato di stanchezza e di astenia; occorre, perciò, utilizzare, prima del riposo, tutta l'energia a nostra disposizione per evitare che essa rimanga ingabbiata e compressa nel corpo e nei pensieri cupi che schiacciano la mente. In altri termini, bisogna bruciare fino in fondo la poca energia rimasta e svuotarsi del tutto, come la batteria del cellulare prima della ricarica. Allorché, allo stremo delle forze, entreremo nello stato di riposo, nel nostro letto o anche su un comodo divano, sgorgherà un'energia nuova, limpida, senza residui, che ci darà una duratura sensazione di benessere, unitamente alla percezione di una inaspettata, straordinaria lucidità mentale.

E comunque, al di là della modalità adeguata del recupero energetico attraverso il fisiologico riposo, il problema del benessere psicofisico resta strettamente legato alla forza mentale, e quindi alla capacità di saper pensare, ossia alla capacità di saper regolare convenientemente i nostri pensieri e, soprattutto, al potere, in taluni momenti, di "non pensare a niente". Durante la veglia, quando siamo costretti a pensare a più cose alla volta, noi indirizziamo energia mentale in molteplici direzioni, e per questo ci affatichiamo presto. Ma se, ai primi segnali di stanchezza, fossimo in grado di arrestare il dispendio di energia e di riportare al centro, cioè a noi stessi, tutte le forze disseminate, potremmo recuperare in fretta e agevolmente la vitalità perduta, riacquistando integralmente la nostra idoneità lavorativa e il nostro potenziale produttivo. Grandi personaggi della Storia, come Cesare e Napoleone, riuscivano, in qualunque momento, a "isolarsi" e a recuperare con estrema rapidità le energie consumate; e questo aveva luogo in via naturale, grazie a dei poteri straordinari di cui erano in possesso. Ma del potere di "isolamento" e di "silenzio mentale", pur nondimeno, si occupa la scienza del magnetismo, per la quale si tratta di un potere che tutti gli individui possono acquisire, dandosi la pena di impegnarsi, con un allenamento progressivo, in un esercizio che, noioso e faticoso nei primi giorni, non tarda entro poco tempo a produrre risultati soddisfacenti. È un esercizio che, gradualmente, porta ad apprendere a isolarsi dal mondo esterno e a preservare le energie che il pensiero sbrigliato e indisciplinato tende a disperdere inutilmente in ogni dove; è ciò che Turnbull, con una espressione colorita, chiama "consegna del silenzio".

Dietro consiglio per il principiante di chiudersi nella propria camera, lontano da qualunque rumore, ci si avvii all'esercizio collocandosi in una comoda poltrona. Dopo avere abbassato le palpebre, si appoggino i pugni semichiusi sui braccioli e, con un piccolo sforzo, si provochi l'allentamento del tono muscolare e la sospensione quanto più possibile dell'emissione dei pensieri. A questo punto, con la bocca chiusa e respirando attraverso il naso, si chiuda completamente il campo della coscienza e si respinga qualunque immagine, bella o brutta che sia, interessante o inutile, gradevole o sgradevole; si faccia insomma il vuoto totale nella propria mente, suscitandovi il "silenzio".

Raggiungere tale stato, specialmente agli inizi, è estremamente difficile, ma, dopo il superamento delle prime difficoltà, l'isolamento è l'esercizio più gradevole che si possa praticare. È ovvio che, se si vuole pervenire ad un livello di rilievo, bisogna esercitarsi con il massimo del rigore per due, tre volte al giorno, inizialmente per quattro, cinque minuti, e successivamente per un tempo più lungo in proporzione alla minor fatica che si avverte, fino a quando non si sia raggiunta un'abilità ritenuta sufficiente. Procedendo nella pratica, si riuscirà a isolarsi anche su una panchina di una piazza rumorosa, con gente che circola intorno e che parla ad alta voce. I rumori, per quanto intensi, giungono all'orecchio flebilmente, come in lontananza; la sensibilità si attenua al punto che, se una mosca viene a posarsi sul naso, non si avverte la necessità di fare il ben che minimo movimento per liberarsene; si entra in uno stato di quiete soddisfatta e compiaciuta, in quello stato di *silenzioso* appagamento che i filosofi ellenistici denominavano "atarassia".

Con un allenamento adeguatamente prolungato, un isolamento pressoché totale di dieci-quindici minuti ci permette di sprofondare in uno stato di delizioso e sognante abbandono, nel quale ci sembra di planare al di sopra del corpo. Tale stato, che cessa immediatamente non appena si decide di uscirne, ci lascia trasformati anche sul piano fisico, con la gradevole sensazione di perfetto riposo, come se avessimo dormito in modo eccellente per un'intera notte. Karl Gustav Jung così sentenzia: "Stare da soli con se stessi è l'esperienza più decisiva della vita".

IL SODALIZIO MAGNETICO

Il pensiero, sostanza impalpabile, invisibile, è per sua natura "assorbente": assorbe idee, immagini mentali, desideri, emozioni, progetti, speranze, ma anche angosce, paure, malinconie, frustrazioni, delusioni, amarezze. Quando assorbiamo i pensieri di un'altra persona, questi si mescolano ai nostri e, se sono forti e incisivi, ci inducono a pensare allo stesso modo, a sentire e a giudicare allo stesso modo, ad avere le medesime opinioni di quella persona; ci si ritrova in qualche misura condizionati e dominati da una forza magnetica, che ci orienta in una certa direzione, che ci muove come fossimo calamitati.

In quanto esseri pensanti, così come assorbiamo dall'esterno, anche noi proiettiamo verso l'esterno, influenzando quanti vivono e operano nella nostra sfera; il benessere fisico, la forza mentale, il piacere che la nostra persona suscita negli altri dipendono dalla qualità dei nostri pensieri. Non è sempre necessario parlare per essere un compagno gradevole; ai nostri vicini ci renderemo ugualmente attraenti, amabili, dilettevoli, semplicemente attraverso la gradevolezza dei nostri pensieri. Di qui l'assunto dei Maestri, secondo il quale il magnetismo di una persona è il suo pensiero, e il *nostro* potere magnetico non è che il *nostro* pensiero percepito dagli altri. Così, se i nostri pensieri sono pensieri di debolezza, di tristezza, di gelosia, di invidia, di odio, di cinismo, veniamo respinti, rifiutati, emarginati; se, al contrario, sono pensieri di forza, di gaiezza, di generosità, di disponibilità, la nostra compagnia non solo è gradita, ma ricercata, desiderata.

Ne segue che il nostro prestigio nella società dipende più da quello che pensiamo che da quello che diciamo. Se i nostri pensieri sono puri, luminosi, permeati di fiducia, di serenità, di equilibrio, rappresentiamo un valore dovunque ci troviamo e dovunque andiamo. Siamo accolti sempre con gioia e calore, giacché con noi portiamo il fascino, la positività, la forza, il coraggio, e la sola vicinanza fisica è fonte di salute, di sicurezza, di letizia.

Per via della *legge dei simili*, alla quale anche i più forti non sfuggono e che miete vittime anche negli ambienti in apparenza impermeabili e refrattari alle suggestioni gridate, dobbiamo evitare *sodalizi* con persone involute, volgari, grossolane, poiché rischiamo di assorbirne i pensieri e, per conseguenza, di abbassare il nostro potenziale magnetico. È pernicioso passare il proprio tempo con individui collerici, paurosi, malinconici, cinici, sfiduciati. Per quanto calmi, coraggiosi, fiduciosi possiamo essere, assorbiamo sempre una *porzione* della loro instabilità emotiva, della loro rozzezza, della loro impudenza, della loro tristezza; la possibilità che la nostra energia e la nostra attitudine mentale vengano inquinate è sicuramente in agguato e, quale che sia il grado di negatività di queste persone, poco o tanto veniamo *contagiati*.

Ancor più dell'autodifesa, a preservarci dai cattivi incontri deve essere la nostra disposizione mentale ad attrarre il positivo. Sulla base del principio che "i pensieri della stessa qualità si attraggono", se noi non pensiamo che in termini di bontà, di fiducia, di coraggio, di forza, attiriamo verso il nostro mentale energie e influenze dello stesso segno che ci fluttuano intorno attraverso i canali più disparati, consolidando la nostra salute fisica, potenziando la nostra capacità intuitiva, favorendo il nostro successo nelle iniziative che intraprendiamo e nel lavoro professionale che esercitiamo, assicurando la dovuta quota di benessere e di felicità personale.

Allorché ci "alimentiamo" di pensieri positivi, il nostro cervello rimette in circolo questi pensieri proiettandoli verso l'esterno, sia attraverso un movimento ondulatorio spontaneamente attivato, sia attraverso una canalizzazione consapevole orientata verso obiettivi prescelti e intensamente desiderati; nell'uno e nell'altro caso, il congegno è tale che i pensieri emessi vengono costantemente rimpiazzati da nuove vibrazioni della stessa qualità, ugualmente cariche di forza e di vigore, atte a mantenere il nostro mentale al suo livello consueto. Lo stesso potrebbe dirsi qualora ci alimentassimo di pensieri negativi e volessimo proiettarli all'esterno in una certa direzione; per il medesimo meccanismo, il nostro mentale non solo attirerebbe vibrazioni della stessa qualità, ma, per un effetto boomerang, raddoppierebbe il suo potenziale "nefasto", con conseguente, inevitabile aggravamento della situazione di disagio e di sofferenza psichica. Sulla base di questo meccanismo, possiamo dare una qualche spiegazione alla persistenza di certe ossessioni, di certe idee fisse e, sul piano patologico, di particolari tipi di monomania, giacché il nostro cervello, costantemente attivo, funge da generatore rispetto ai pensieri che trasmette e da ricettore rispetto ai pensieri che attira dal di fuori.

Si può tranquillamente convenire che lo spazio è percorso da una miriade di impressioni, di desideri, di progetti, di intenzioni, tutte vibrazioni che si muovono nelle più diverse direzioni, e che noi attiriamo o respingiamo in virtù della legge dell'affinità, per la quale si attraggono pensieri della stessa natura e si respingono pensieri di natura opposta. Vi è un continuo scambio tra noi e gli altri e viceversa, con la conseguenza che, incessantemente, di notte come di giorno, nel sonno come nella veglia, riceviamo e trasmettiamo influenze e vibrazioni, che ci forgiano e ci modificano, trasformando a piccole dosi la nostra personalità, il nostro modo di essere. In una certa misura, è dietro gli stimoli esterni che noi finiamo per divenire ciò che siamo. "Il pensiero – dice il Maestro Ramacharaka – gioca nella vita dell'uomo un ruolo decisivo. Esso agisce tutt'intorno all'individuo, ed è il filo che lo collega ai suoi simili e nel quale si raccolgono, per mescolarsi e fondersi in un'unica corrente, tutte le energie dell'ambiente circostante".

A questo riguardo, il grande studioso di magnetismo umano Jules Denis Du Potet, così scrive nel suo pregevole lavoro *Thérapeutique magnétique*: "Vi sono degli esseri che, attraverso la semplice vicinanza fisica, riescono a pompare e ad assorbire le nostre forze e la nostra stessa vita; sorta di vampiri incoscienti, essi vivono a nostre spese. Se ci si trova presso di loro, nella sfera della loro attività, si prova un certo malessere, un disturbo indistinto che proviene dalla loro azione malefica e provoca in noi un sentimento indefinibile; si avverte il bisogno di fuggire, di allontanarsi. [...] Altri individui, invece, portano con sé la gioia e la salute. Dovunque si trovino, insieme a loro appare ed esplode la gioia; la loro semplice vicinanza provoca benessere; la loro conversazione piace e la si ricerca; si desidera prendere la loro mano, appoggiarsi al loro braccio; il loro sguardo possiede qualcosa di balsamico, che affascina e magnetizza oltre ogni volere. Si adotta facilmente il loro modo di vedere, si fanno proprie le loro opinioni, senza chiedersi il perché, ed è sempre con rammarico che ci si allontana da loro".

Va da sé che, se facciamo nostre le illuminanti considerazioni di Du Potet, e se vogliamo non solo difendere, ma anche rafforzare il nostro potenziale magnetico, l'unico sodalizio praticabile è con quelle persone in compagnia delle quali sentiamo al nostro interno un certo benessere, una gioia indistinta, uno spontaneo, immediato potenziamento delle nostre risorse fisiche e mentali. E qualora, per circostanze ambientali o per necessità parentali, fossimo obbligati a coabitare con i *vampiri* magnetici, accompagniamoci a loro il meno possibile e, se la congiuntura lo permette, fuggiamo e liberiamocene.

Capitolo III

I POTERI MAGICI DELLA MENTE UMANA

NOTAZIONE PRELIMINARE

Per la scienza del magnetismo, qualunque forma di utilizzo del proprio potenziale magnetico (o energetico) può aver luogo solo attraverso l'*influenza* mentale, e ciò a prescindere se si tratta di un intervento a distanza, o di un'operazione ad azione diretta in presenza del soggetto o dell'oggetto destinatario del trattamento. Ne segue che, se il mago bianco non può che essere l'individuo magnetico, si può solo parlare di poteri magici della mente umana, essendo l'atto di magia (qualunque atto di magia) il risultato di un utilizzo mirato dell'energia mentale. Sul piano tecnico, allorché le nostre vibrazioni mentali sono canalizzate verso un obiettivo fisicamente lontano dalla nostra portata, si può parlare di *influenza a distanza*, e, dal punto di vista fenomenologico, possono verificarsi situazioni di etero-suggestione o di comunicazione telepatica, ma anche interventi di natura terapeutica. Quando il destinatario dei nostri interventi è presso di noi, si può parlare di influenza diretta, e, se l'azione ha valenza curativa, siamo in presenza di un fenomeno di *guarigione magnetica*. Qualora il destinatario dell'azione magica è un oggetto, si ha semplicemente un fenomeno di *magnetizzazione*, quale che sia la finalità perseguita.

Tra le modalità di utilizzo del magnetismo personale, quella più popolare e maggiormente radicata è la cura magnetica diretta; identificata nel linguaggio comune con il termine "pranoterapia", essa fa ricorso all'uso immediato dell'energia vitale che, sprigionandosi prevalentemente dalle mani dell'operatore, penetra *direttamente* nell'organismo del paziente senza filtri o intermediazioni di sorta. È come far assumere un farmaco naturale, il cui principio attivo risiede nel soffio stesso della natura, nell'energia vitale di cui un individuo fa dono a un altro, e grazie alla quale un organo inceppato o una funzione bloccata riesce a riprendere la sua efficienza e il suo equilibrio. Trattare di pranoterapia comporta evidentemente occuparsi di tecniche operative, ma soprattutto del pranoterapeuta, di questo operatore sociale che, opportunamente liberato dall'aria di mistero e di sacralità di cui non raramente si circonda o viene circondato, deve essere collocato tra i tanti esperti di medicina naturale, i quali tutti fondano i loro interventi terapeutici sull'utilizzo diretto o indiretto dell'energia vitale (o fluido vitale).

Anch'egli, come il riflessologo, il massaggiatore ayurvedico o qualunque altro professionista del benessere, non si contrappone né si sostituisce al dottore in medicina, ma "si pone" accanto a lui nella nobile opera di miglioramento delle condizioni di vita del prossimo. Medici e pranoterapeuti non sono e non debbono sentirsi dei rivali, ma figure professionali che operano parallelamente, gli uni utilizzando la propria scienza e il proprio tempo, gli altri le proprie risorse energetiche e la propria salute fisica e psichica.

Oltre che per influenzare o guarire i nostri simili, si può utilizzare il proprio patrimonio fluidico per *magnetizzare* degli oggetti fisici, ossia per riversare su degli oggetti flussi di energia che portano il timbro delle nostre qualità magnetiche, facendo di essi delle piccole batterie *cariche*, di cui avvalersi nelle più diverse circostanze e nei momenti di maggiore difficoltà. Tra gli oggetti magnetizzabili si distinguono le pietre preziose, le quali possiedono per natura una particolare "predisposizione" ad assorbire e a trattenere le vibrazioni magnetiche anche per lunghi intervalli di tempo.

All'interno del *magnetismo curativo*, la magnetizzazione di oggetti fisici è finalizzata alla creazione di supporti intermediari, potendo taluni corpi assorbire la forza magnetica dell'operatore ed essere utilizzati a fini terapeutici; sarebbe come far ricorso a degli accumulatori di energia, in grado di trasmettere a un organismo in difficoltà i *germi* della guarigione. A questo riguardo potrà fungere da supporto un pezzo di stoffa di cotone o, ancora meglio, un batuffolo di cotone idrofilo; si tratterà di applicare sulla zona interessata il supporto magnetizzato, le cui dimensioni varieranno a seconda dell'estensione della zona medesima. Prima di procedere alla magnetizzazione di un oggetto (qualunque oggetto), occorre preliminarmente sbarazzarlo di tutta la sua materia eterica e astrale, facendolo passare attraverso una sorta di pellicola fluidica costruita con un vigoroso sforzo volitivo. Liberato dal magnetismo preesistente, l'oggetto diventa simile ad un nastro magnetico vergine su cui si può incidere tutto ciò che si desidera.

Nella cura magnetica indiretta l'*acqua* assume un ruolo particolarmente importante, sia perché buona conduttrice di fluido vitale, sia perché utilizzabile per uso interno. Le molteplici esperienze positive ci permettono di sostenere che l'acqua *magnetizzata* risulta un intermediario straordinario per la cura delle malattie intestinali. Essa, infatti, grazie all'azione del fluido di cui è caricata, contribuisce fortemente alla regolarizzazione delle funzioni intestinali, in particolar modo del processo evacuativo. Per lo studioso francese Henri Durville, le affezioni del tubo digerente migliorano notevolmente attraverso l'ingestione di qualunque bevanda opportunamente *magnetizzata*, con risultati sbalorditivi nei casi di costipazione ostinata.

Oltre all'acqua e ai liquidi in genere, sono le sostanze grasse, come l'olio, la vasellina, la glicerina, a godere di un potere eccellente di assorbire e trasmettere fluido vitale. Basti ricordare che olio e cera costituivano ingredienti essenziali nei cerimoniali dell'antica magia, senza considerare l'uso che ne viene fatto nelle chiese, anche ai nostri giorni, nel corso di talune cerimonie rituali.

Nell'ambito del magnetismo indiretto sono da far rientrare tutte quelle operazioni di intervento, finalizzate a rafforzare la capacità curativa di un farmaco o di una qualunque sostanza prescritta a fini terapeutici. Quando, ad esempio, si dovrà applicare un balsamo o un linimento per placare un dolore reumatico, per curare una ecchimosi o una leggera ustione, si potrà ricorrere al magnetismo al fine di potenziare l'azione del medicamento.

Negli ultimi tempi si sta diffondendo il ricorso al magnetismo indiretto, facendo uso di materiali tra i più disparati. Tra gli addetti ai lavori, molti non sono d'accordo sull'impiego indiscriminato dei materiali, dal momento che alcuni di essi sono scarsamente assorbenti (di fluido magnetico) e altri addirittura refrattari. Tuttavia, ai più sembra di aver individuato un materiale di uso corrente, che si acquista perfino nei supermercati e si porta abitualmente in tasca o in borsetta. Si tratta del fazzoletto di carta, che nella nostra società dei consumi ha sostituito quasi completamente il tradizionale fazzoletto da naso di varia foggia e di vario tessuto; la forma quadrata, le ridotte dimensioni, la materia di cui si compone rendono il fazzoletto di carta facilmente magnetizzabile e ampiamente utilizzabile sul piano pratico. Esso, inoltre, presenta il grande vantaggio di poter essere spedito per posta o attraverso il corriere, come una lettera ordinaria. Se si sceglie la via della spedizione, il consiglio è di adottare la doppia busta, al fine di garantire al supporto magnetizzato il massimo della protezione e di ridurre al minimo la dispersione di fluido vitale.

IL POTERE DI SUGGESTIONE TELEPATICA

Per la scienza del magnetismo e quindi in termini di influenza magnetica, la *suggestione* è l'arte di imporre un'idea e di assicurarne l'attuazione. Si ha suggestione per tutte le idee che ci vengono imposte verbalmente, come accade durante una conversazione o quando si ascolta un conferenziere eloquente e simpatico; in entrambi i casi, la suggestione si produce sempre da parte di colui che parla nei confronti di chi ascolta, specialmente se questi si trova in stato di ascolto passivo o se il suo grado di evoluzione è inferiore rispetto all'altro.

Ma la suggestione può anche farsi mentalmente, ossia senza far ricorso alla parola e, perfino, senza l'ausilio di alcun gesto esteriore. Si tratta della "suggestione mentale", comunemente detta "trasmissione del pensiero", che consiste fondamentalmente nel formulare un'idea, un desiderio, un'immagine, per trasmetterli all'esterno in direzione più o meno mirata.

La trasmissione del pensiero avviene inoltre spontaneamente, senza alcun atto volitivo, e molto più spesso di quanto non si creda. Capita, ad esempio, di pensare ad una persona e contemporaneamente sentir suonare alla porta o al citofono; aprendo, si rimane sorpresi di vedere sull'uscio proprio la persona alla quale stavamo pensando. Che cosa è accaduto? Il pensiero attivo del nostro visitatore era diretto verso di noi e, a qualche decina di metri dalla nostra abitazione, ci è stato "trasmesso". Ma una trasmissione di questo tipo può verificarsi anche a grande distanza. Ammettiamo che un parente o un amico lontano stia pensando a noi e ci stia scrivendo; nello stesso preciso istante ci viene davanti la sua immagine e ci diciamo mentalmente che presto avremo sue notizie, e quasi sempre di lì a qualche giorno riceveremo una sua lettera. Oggi, con l'uso costante della comunicazione telefonica, non raramente ci capita di trovare occupato dall'altra parte, perché il nostro amico o la nostra amica nello stesso istante sta facendo il nostro numero. In questo caso, nel linguaggio comune, anche da parte dei non addetti ai lavori, si tende a scomodare la "telepatia".

Andando oltre il fenomeno ordinario della comunicazione mentale, per la scienza del magnetismo è possibile praticare l'arte della suggestione mentale, ossia l'arte di *influenzare* gli altri, di comunicare agli altri le proprie idee, e di ottenere da loro in tutto o in parte ciò che si desidera. I Maestri avvertono che, allorché la personalità magnetica ha raggiunto un elevato grado di sviluppo, l'inclinazione suggestiva si esercita in maniera spontanea e spesso inconsapevole. L'individuo magnetico trasmette il suo stesso modo di essere a quanti lo circondano, anche suo malgrado, giacché i suoi pensieri, attivi e forti, trovano terreno facile sulle persone della sua sfera; all'atto di riceverli, il destinatario li accoglie come se si fossero originati da se stesso, come se fossero l'espressione di un suo proprio desiderio, di una sua esigenza interiore. È ovvio che, se l'individuo magneticamente evoluto ottiene questi risultati in via ordinaria, senza alcuno sforzo e senza il minimo impegno della sua attività volitiva, qualora intenda raggiungere un bersaglio attraverso atti volontari mirati, egli è in grado di imporre le sue idee dettando ordini, che non raramente vengono eseguiti con una tale precisione e una tale prontezza che hanno del prodigioso. Al riguardo, tuttavia, non risulta mai abbastanza sottolineare che, per dirigere gli altri, bisogna saper dirigere se stessi e che, per imporre agli altri la propria volontà, occorre averne la completa padronanza; con la doverosa aggiunta di essere essenzialmente onesti e non pensare mai di poter conseguire qualcosa che possa in qualche modo arrecare nocumento all'interesse e alla considerazione del prossimo.

Prima di affrontare un'impegnativa azione suggestiva, è bene potenziare il proprio patrimonio energetico, sia sfruttando le forze magnetiche disponibili nell'ambiente circostante, sia predisponendo, sulla base della propria polarità magnetica (positiva o attrattiva), gli adeguati accorgimenti. Così, per l'individuo di polarità magnetica positiva (o proiettiva), saranno di grande utilità la temperatura calda, la luce intensa, naturale o artificiale che sia, i colori forti come l'indaco e il violetto, oggetti dalle tinte piuttosto scure e violente, piante dioiche maschili. L'attrattivo, invece, sarà magneticamente favorito dalla temperatura fredda, dall'oscurità, dai colori piuttosto tenui, come il color malva e il blu chiaro, dai profumi acuti e profondi, dalle piante e dai fiori femminili. In aggiunta si può dire che i dipinti dalle scene vigorose o rappresentanti combattimenti, lotte, azioni movimentate, in quanto dotati di forza di proiezione, si riveleranno vantaggiosi per i positivi (o proiettivi), i quali trarranno profitto anche dalla presenza degli animali maschi; al contrario, i dipinti rappresentanti scene campestri, idilliache, prive di movimento, risulteranno propizi agli individui di polarità attrattiva, i quali potranno avvantaggiarsi anche della presenza degli animali femmine.

Da parte dei Maestri si mette anche in evidenza che colui che vuole esercitare la suggestione sugli altri deve ispirare fiducia, suscitare interesse, infondere allegria, indurre al sorriso, giacché il riso ingenera nell'individuo umano apertura, disponibilità, disposizione a ricevere le influenze esterne; deve inoltre curare l'espressione, il contegno, i gesti, le belle maniere, il tono della voce, tutti elementi che, combinati insieme e concordanti tra di loro, costituiscono altrettanti strumenti di suggestione e di influenza personale. Nella pratica suggestiva giocano un ruolo importante lo sguardo magnetico e la parola, ma il linguaggio deve essere appropriato al carattere, ai gusti, alle attitudini e perfino agli interessi del destinatario dell'operazione. Quanto alla parola, se usata con giudizio e con il dovuto tatto, costituisce di per sé un potente mezzo di fascinazione e di seduzione, che permette, anche all'individuo con scarse risorse magnetiche, di vincere le diffidenze, le antipatie e le resistenze più ostinate.

Quanto alla suggestione mentale, anche a questo riguardo occorre partire dalle piccole conquiste, per procedere gradualmente verso traguardi sempre più impegnativi. Si potrà, ad esempio, impegnarsi nel comunicare ad un amico l'idea di una visita ad un comune conoscente o l'idea di una ricerca su un tema specifico rispetto al quale ha dimostrato un qualche interesse; in tal caso il risultato sarà raggiunto tanto più facilmente, quanto più concreta sarà l'idea da comunicare. Successivamente, ci si potrà impegnare nel trasmettere a questo stesso amico un'idea che sappiamo non essergli gradita; con nostra sorpresa, anche questa volta, prenderemo atto di aver raggiunto il risultato. Esperienze di questo tipo possono moltiplicarsi all'infinito; esercitarsi in esse sistematicamente, variandone la natura e la forma, aiuta notevolmente a sviluppare in breve tempo la nostra capacità di influenzare. Tra le molte esperienze, di nostro suggeriamo due situazioni, che possiamo definire classiche.

Nel corso di una conversazione, il nostro interlocutore non ricorda una parola che invano cerca di pronunciare. Nello stesso momento avvertiamo di avere in mente quella parola, la quale, il più delle volte, rappresenta l'espressione verbale dell'idea che ci è stata appena trasmessa. A questo punto, pensiamo intensamente alla parola e guardiamo l'interlocutore alla radice del naso; quasi sempre, in men che non si dica, egli pronuncerà con sollievo quella parola, e noi avremo la chiara constatazione di essere stati gli artefici del richiamo mnemonico.

In occasione di un ricevimento, di un party o di un intrattenimento qualsiasi, proviamo il desiderio che uno dei convenuti, uomo o donna che sia, chieda di presentarsi per fare la nostra conoscenza. Cerchiamo di passare più volte sotto il suo sguardo, senza tuttavia apparire indiscreti, e nel momento in cui ci sta guardando puntiamolo tra i due occhi, alla radice del naso, e diciamoci mentalmente "Tu vuoi fare la mia conoscenza, ti aspetto". Il risultato quasi sempre è dietro l'angolo; non solo, perché nel giro di poco tempo, questo tipo di esperimento diventerà un gioco da ragazzi.

Allorché si è raggiunta una certa abilità nella pratica della suggestione mentale, non è più necessario far ricorso alla suggestione verbale. Come precedentemente affermato, si può provare a saggiare il livello del proprio potere telepatico al ristorante, ordinando mentalmente al cameriere taluni piatti anche non compresi nel menu, o in un negozio di alimentari, facendosi servire dal commesso una determinata quantità di prosciutto o un particolare taglio di carne.

Proprio per raggiungere una certa dimestichezza con il fenomeno telepatico, inteso nella sua accezione ordinaria di "trasmissione del pensiero", potrà essere utile impegnarsi in alcuni esperimenti che, per quanto di facile esecuzione, non per questo producono risultati immediati, essendo necessario, come per tutte le abilità che si intendono acquisire, un adeguato periodo di training e di sistematica esercitazione.

Agli inizi è bene impegnarsi in esercizi di telepatia ravvicinata, e per i primi esperimenti si scelga il soggetto tra le persone con cui si è in amicizia e in grande confidenza; il soggetto più adatto potrebbe essere un ragazzo o una donna piuttosto eccitabile; si è constatato al riguardo che le donne magre sono i soggetti maggiormente influenzabili. Fatto sedere il soggetto, ci si ponga di fronte a lui, in modo che le nostre ginocchia tocchino le sue. Tendendo la nostra mano magnetica, la destra se siamo di polarità proiettiva, la sinistra se di polarità attrattiva, prendiamo con dolcezza la sua mano corrispondente. Eseguiamo una respirazione profonda con ritenzione del respiro e, fissando il nostro soggetto negli occhi, esercitiamo per qualche secondo la meditazione ripetendo velocemente la sillaba *Om*, al fine di liberare la sua e la nostra mente da qualsiasi pensiero. A questo punto, formuliamo nella nostra mente un'idea unica e tratteniamone l'immagine il più nitidamente possibile. Dopo qualche istante il soggetto comincerà a parlare, pronunciando pressappoco le parole a cui abbiamo pensato.

Può accadere che si riesca con successo nella telepatia a distanza e si ottengano scarsi risultati nella telepatia ravvicinata, specialmente se il soggetto con cui comunichiamo è in possesso di una forte volontà. Ciò dipende comunemente da una insufficiente concentrazione di pensiero, e la cosa accade solitamente tra coniugi, tra amanti o anche tra due vecchi amici, qualora abbiano entrambi le stesse preoccupazioni. In compenso, riesce quasi sempre la telepatia a distanza, ma a condizione che le due persone abbiano polarità magnetica contraria, che siano, cioè, l'una di polarità proiettiva, l'altra di polarità attrattiva.

Occupandoci della telepatia a distanza, diciamo subito che si tratta di una pratica interessante, di cui possiamo avvalerci in determinate circostanze della nostra esistenza quotidiana. Risulta evidente che, anche in questa pratica operativa, prudenza ed equilibrio debbano costituire i nostri criteri guida.

Intanto, non bisogna mai intraprendere un esperimento di telepatia a distanza con superficialità o leggerezza; è necessario prepararsi ad esso seriamente, con un allenamento speciale di due, tre giorni. È bene inoltre che questa esperienza venga fatta soltanto per un motivo importante e mai per scopi futili. L'allenamento consisterà essenzialmente nel riposo, nella respirazione ritmata e nella meditazione prolungata.

Allorché sembrerà giunto il momento per affrontare l'esperimento, metteremo in campo le condizioni necessarie. Chiudersi nella propria camera, astrarsi al massimo dall'ambiente che ci circonda, trasferirsi con il pensiero presso la persona con cui si vuol comunicare. Già in presenza di questi preliminari, il nostro interlocutore entrerà in relazione con noi; il nostro nome, il nostro ricordo, la nostra stessa immagine attraverseranno la sua mente e, per quanto le rappresentazioni mentali gli si snoderanno davanti in maniera fugace, tutto in lui assumerà le connotazioni della concretezza. A questo punto, distendersi sul letto in posizione supina, chiudere lentamente gli occhi e inspirare a più riprese con ritenzione del respiro; tutto questo, continuando a pensare al nostro interlocutore. Infine, concentrare il pensiero sulla suggestione che si vuol trasmettere. Tale concentrazione dovrà avere la durata di almeno quindici minuti; e ciò, non a causa della distanza, ma per permettere all'idea da trasmettere di incontrare l'onda fluidica adeguata, in grado di condurla a destinazione.

Allorché si è preso atto di aver protratto in misura sufficiente l'operazione, si proceda lentamente al disimpegno della propria mente, nel senso che non si può interrompere in modo brusco la corrispondenza, essendo necessaria una certa gradualità. Per questa ragione, pur continuando a dirigere le radiazioni del proprio pensiero attorno al destinatario della nostra influenza, in primo luogo si cambi di posizione; poi, ci si metta in piedi e si facciano alcuni passi, orientando la mente a interessarsi agli oggetti circostanti. Dopo qualche minuto, il distacco sarà totale e si potrà riprendere in pieno la propria libertà.

Questo esperimento, purché rigorosamente condotto, produce sempre degli ottimi risultati. È comunque da sottolineare che, qualora il soggetto fosse un estraneo o una persona poco conosciuta, sarà opportuno ripetere l'operazione per due, tre volte. Se invece si tratta di una persona con cui si intrattengono relazioni di amicizia o di affetto, sarà sufficiente una sola seduta, della durata di quindici, venti minuti.

Nelle ore immediatamente successive all'impegno telepatico e per tutta la giornata seguente sarà necessario prolungare un po' più del solito l'esercizio di respirazione ritmata. Per le stesse ragioni, durante l'attività meditativa, ci si dovrà prendere cura del terzo e del sesto chakra, proiettando su ciascuno di essi un'adeguata quantità di energia, a compensazione del fluido impiegato. È una precauzione, questa, assolutamente necessaria, al fine di recuperare la forza vitale che è stata utilizzata nel corso della suggestione.

Sempre sul piano sperimentale, spesso si presenta l'occasione di influenzare per suggestione a distanza una persona, con possibilità di avvistarla. Se ci troviamo, ad esempio, ad una riunione in cui sia presente un soggetto che da tempo abbiamo in mente di suggestionare, qualora non si possa disporre di tutte quelle condizioni perché si dia luogo ad una operazione di telepatia con contatto fisico, vi è invece la possibilità della telepatia a distanza.

Entro i limiti consentiti dalla situazione ambientale, scegliamo la posizione migliore, appoggiandoci ad una parete, ad una colonna, a un sostegno qualunque. Portiamo le mani incrociate sul nostro plesso solare, in modo che esso venga circondato dalle nostre dita e il suo centro si trovi in linea con l'apertura triangolare formata dai due pollici e dai due indici ravvicinati. Dopo tre lente inspirazioni con ritenzione del respiro, concentriamo il nostro pensiero sulla persona che abbiamo in animo di influenzare. Non è necessario l'impiego dello sguardo; anzi, i nostri occhi saranno preferibilmente chiusi, in modo da dirigere più agevolmente il nostro pensiero sul soggetto, e quindi orientare il nostro fluido sul suo plesso solare; infatti, è proprio dal suo terzo chakra che si sprigionerà la materia radiante che andrà a colpire in modo brusco il cervello del nostro ignaro interlocutore. Trascorsi dai tre ai quattro minuti, osserviamo il nostro soggetto; se egli è girato dalla nostra parte o ha cambiato posizione rispetto a noi, l'operazione telepatica ha avuto sicuramente successo.

A questo punto l'esperimento passa alla seconda fase. Tolte le mani dal nostro plesso solare, lasciamole ricadere accanto al corpo; dopo di che, fissiamo quanto più possibile il nostro soggetto, preferibilmente sulla nuca, e proiettiamo su di lui il pensiero o il desiderio che vogliamo comunicare, ma in forma molto chiara e senza permettere alla nostra attenzione di appigliarsi a qualche oggetto circostante. Questa seconda fase avrà la durata di due, tre minuti.

Ad integrazione di quanto indicato, qualora, a causa della situazione o della posizione, ci riuscisse difficile appoggiare le mani incrociate sul nostro plesso solare, sarà sufficiente chiudere gli occhi e tenersi ben diritti, con le spalle tirate indietro e il petto in fuori; tutto ciò, in modo naturale e senza contrazione dei muscoli. Evidentemente, la modificazione riguarderebbe soltanto la prima fase dell'esperimento, perché tutto il resto procederebbe come dalle indicazioni previste.

Il dato da non dimenticare è che la telepatia a distanza richiede sempre un forte sprigionamento di fluido, provocando per conseguenza un notevole dispendio energetico. Per questa ragione, un operatore accorto dovrà sempre preoccuparsi di recuperare al più presto il fluido vitale impiegato. I Maestri avvertono al riguardo che la forza vitale ha la possibilità di permanere costante, solo se si procede in maniera costante al recupero del fluido utilizzato; in caso contrario, ossia trascurando di operare questo recupero, si corre l'inevitabile rischio di produrre un graduale impoverimento del proprio patrimonio energetico, e di conseguenza della propria potenza magnetica.

L'AUTOSUGGESTIONE

Da parte dei Maestri si conviene che il corpo fisico possa essere considerato lo strumento di cui si avvalgono l'astrale e il mentale per esercitare le loro funzioni. Sul piano rappresentativo, Hector Durville assimila il corpo fisico ad un piccone nelle mani di due terrazzieri, che si danno vicendevolmente il cambio per compiere un lavoro che non sempre richiede le medesime attitudini; quanto alle suggestioni, egli precisa che si tratta di atti eseguiti dall'astrale (o coscienza inferiore) che dirige completamente le funzioni fisiche durante il sonno, e più o meno completamente in ogni altro stato vicino alsonno, rispetto a cui il mentale (o coscienza ordinaria) non esercita una sorveglianza attiva.

Durante il sonno ipnotico (lo stato di sonno provocato durante una seduta di ipnosi) il mentale, totalmente in riposo e perfino assente, non governa in alcun modo l'organismo fisico, e la suggestione penetra direttamente, sotto l'influenza della volontà dell'ipnotizzatore, non già nella coscienza ordinaria (il mentale), bensì nella coscienza inferiore (l'astrale); di qui la mancanza di ricordi nel soggetto (ipnotizzato), all'atto del suo risveglio, rispetto alle suggestioni vissute durante l'ipnosi.

Nello stato di totale e piena coscienza, la suggestione può ugualmente penetrare nei recessi della coscienza inferiore, ossia nell'astrale, qualora questa venga volontariamente aperta, cosa che si verifica allorché il soggetto chiede di essere suggestionato per uno scopo qualunque, o quando vuole autosuggestionarsi. In questo secondo caso la suggestione, praticata allo stato di veglia, penetra nella coscienza ordinaria e si trasforma in *autosuggestione*. Ne consegue che, mentre la suggestione praticata durante il sonno ipnotico penetra nel *subconscio*, ossia nella coscienza inferiore, la suggestione esercitata allo stato di veglia si insinua nella coscienza ordinaria, ad un piano più elevato.

Quando l'autosuggestione è condotta sulla base di una libera scelta e per scopi ben precisi, ad essere interessata è la coscienza ordinaria; ma si può andare anche oltre, giacché, qualora venga praticata con frequenza e sotto l'impulso di un forte desiderio o di una volontà ferma e indomita, essa (l'autosuggestione) si innalza ad un livello di coscienza superiore, divenendo una facoltà elevata dello spirito, una prerogativa di grado elevato, capace di produrre qualunque risultato. È ciò che avviene nei grandi mistici, di qualunque appartenenza religiosa, sotto l'effetto della preghiera intensa e della meditazione prolungata; ma è anche ciò che avviene negli individui più consapevoli, allorché si ritrovano investiti di compiti straordinari al servizio del bene comune, o di funzioni speciali finalizzate al progresso e alla spinta in alto della comunità in cui operano.

Praticata ad un grado elevato, l'autosuggestione può sconfiggere la paura e la timidezza più ostinata, ingenerare la padronanza di sé e l'autostima, rafforzare la capacità di resistenza, sviluppare la memoria, suscitare l'intrepidezza. Essa costituisce il mezzo più potente di cui si possa disporre per la costruzione di un temperamento forte e volitivo; ma è anche lo strumento più idoneo per sconfiggere le passioni malsane e le tendenze nefaste, per guarire dalla tetraggine e dalla malinconia, per liberarsi da ossessioni e da idee fisse, per battere il maleficio, per fronteggiare le malattie più tenaci e più ostinate.

Se si vuole praticare l'autosuggestione con successo, occorre procedere al completo rilassamento, al fine di entrare nello stato di "concentrazione passiva", in quella particolare condizione in cui ci si dispone in ascolto rispetto alle eventuali modificazioni che possono intervenire nel nostro fisico o al nostro interno, sotto la spinta di suggestioni o di ordini impartiti dal mentale. Da parte dei Maestri si insiste sulla necessità assoluta di procedere ad una rappresentazione plastica di ciò che si vuol divenire, di dare una forma concreta ai propri pensieri. Ciò significa che non basta "pensare positivo", nei termini vaghi e astratti in cui se ne parla o se ne predica da improvvisati guru di varia appartenenza; bisogna dare al proprio pensiero un corpo con delle forme ben definite, mettere in movimento questo corpo, vederlo sotto tutti gli aspetti che esso può assumere, dargli i connotati della concretezza. Occorre fare come il grande attore di teatro o di cinema allorché si immedesima totalmente nel personaggio di cui sta sostenendo la parte.

Così, se si desidera far cessare la paura, superare la timidezza e acquisire sicurezza e fiducia in se stessi, non è sufficiente dirsi:

io non voglio più aver paura; voglio riuscire in ciò che mi accingo a intraprendere. È necessario invece adottare proposizioni decisamente affermative come queste: io non ho paura; la mia timidezza è scomparsa; io ho la massima fiducia in me stesso; io possiedo tutto ciò che mi occorre per riuscire. È noto come tra le cause del disagio del nostro tempo vi siano la noia, la pigrizia mentale, la tristezza, la disistima; sono sentimenti che paralizzano il potere d'iniziativa, deteriorano le risorse energetiche, suscitano paure e preoccupazioni per mali improbabili che mai potranno accadere. I Maestri avvertono che, quando si viene colpiti da questi sentimenti negativi, vi è la possibilità che si crei una sorta di circolo vizioso, per il quale si passa da un male ad un male maggiore, e ciò per il noto principio dell'attrazione tra "simili". Infatti, i pensieri di noia, di tristezza, di sfiducia, che noi irradiamo attorno a noi, attirano pensieri analoghi, suscettibili non solo di alimentare i nostri, ma anche di potenziarli. Così, macerandoci nel tormento, consumandoci nel dolore e nella tristezza, pensando incessantemente che questa o quella cosa non si realizzerà secondo i nostri desideri, vivendo continuamente nel timore di perdere ciò che abbiamo, a lungo andare liberiamo inconsciamente delle forze distruttive, le quali, agendo subdolamente all'interno del nostro essere, consumano la nostra energia positiva, provocano stanchezza e disaffezione per i nostri impegni di lavoro, ci rendono fisicamente fragili e predisposti alle malattie, ci rendono antipatici e sgradevoli agli altri, ci allontanano dai buoni pochi amici a cui siamo legati e che ci piacerebbe mantenere. L'individuo triste e scoraggiato quasi sempre è affetto da astenia fisica e psichica; l'attività lavorativa lo affatica facilmente, la vita lo disgusta, il mondo che lo circonda lo affligge. Inseguendo continuamente vaghe chimere, non si pone mai obiettivi concreti e insegue a vuoto finalità che gli è impossibile raggiungere.

A fronte di queste situazioni di esistenza infelice, ognuno di noi sa per esperienza diretta che, per conseguire uno stato di autosufficienza (soprattutto psichica e mentale) e una condizione decorosa e degna, è necessario un impegno di lavoro ed è assolutamente indispensabile una prospettiva, un progetto di vita. Di qui l'imperativo categorico di essere coraggiosi, intraprendenti, carichi di fiducia, soddisfatti della condizione in cui si vive e si opera, nella piena convinzione di poter migliorare progressivamente la propria esistenza.

Occorre che la mente venga percorsa da idee di attività, di gaiezza, di sicurezza, di idealità, immaginando di avere già raggiunto la condizione che si desidera e di possedere in atto il benessere a cui si aspira. Tali idee, nel tempo, faranno nascere degli stati d'animo corrispondenti, i quali, affermandosi e consolidandosi, prenderanno a poco a poco il posto dei loro antagonisti.

Trattando del fenomeno suggestivo, non ci si può esimere dal porre una qualche attenzione agli effetti che l'autosuggestione è in grado di produrre durante lo stato di sonno. Sicché, se si è riusciti a comprendere che, durante il sonno, l'astrale (o subconscio) governa completamente il corpo fisico, si può facilmente congetturare che, qualora ci si imponga un compito da assolvere in tale stato, se ci si obbliga a fissare nel subconscio una certa idea, questa idea è obbligata a subire una elaborazione; essa, infatti, si sviluppa e si perfeziona con una logica di gran lunga superiore a quella che si potrebbe mettere in atto allo stato di veglia, giacché nello stato di sonno l'attenzione non è distratta, né disturbata da altre idee e l'esecuzione può aver luogo con il massimo della precisione. In ordine a questa particolare operazione, alcuni esempi possono essere tratti dalle esperienze della nostra vita ordinaria.

Un vecchio proverbio dice che "la notte porta consiglio", ed è una verità, giacché ognuno di noi ha potuto sperimentare più di una volta che una decisione importante presa al mattino, dopo il riposo della notte, è stata più chiara, più precisa, più convincente di quanto poteva esserlo la sera precedente in uno stato di confusione e di obnubilamento dovuto alla stanchezza e alla scarsa lucidità mentale. Molti studenti possono testimoniare che, non raramente, è sufficiente leggere il contenuto di una lezione alla sera prima di addormentarsi, per risvegliarsi al mattino freschi e preparati, pronti per affrontare serenamente una eventuale prova scritta o una verifica orale. Allo stesso modo è capitato a tanti di noi impegnati in attività professionali o in ricerche importanti che, dopo esserci scervellati per più ore nella risoluzione di un problema ed essere andati a letto esausti e frustrati, ci siamo svegliati al mattino con la soluzione in testa, in termini così chiari e nitidi da restarne sbalorditi. Un esempio tipico attinto dall'esperienza quotidiana è poi il cosiddetto "orologio mentale"; vi sono molte persone per le quali è sufficiente dirsi alla sera, prima di addormentarsi, che si sveglieranno a una certa ora, perché si sveglino all'ora stabilita, per quanto la loro abitudine sia completamente diversa. Non è raro che il risveglio rispetti non solo i minuti, ma perfino i secondi, alla stessa stregua di un orologio di precisione.

Non raramente ci capita di metterci a letto soffrendo di qualche dolorino o di qualche fastidio, ma accompagnati da un forte desiderio di voler dormire; ci addormentiamo quasi subito e al nostro risveglio, qualche ora dopo, ci meravigliamo che il dolore sia totalmente scomparso. In questo caso la concentrazione del pensiero sull'idea di sonno, facendo dimenticare il fastidio, ha prodotto un fenomeno "derivato" di ordine diverso. È ovvio che dovrà trattarsi di disturbi passeggeri e patologicamente poco rilevanti.

Se fatti del genere sono all'ordine del giorno, ciò significa che ci si può imporre, stando a letto, qualunque idea si voglia, semplicemente conformandosi alle regole dell'autosuggestione ordinaria. Se, ad esempio, ci si vuol liberare di una cattiva abitudine, si fissi il proprio pensiero sulla qualità con cui si intende sostituirla. Si chiudano gli occhi e si mediti per cinque minuti sui vantaggi che possono derivarne, immaginando di fruire già del nuovo stato. Si ripeta più volte la medesima rappresentazione mentale; poi, abbandonando l'autosuggestione, si cerchi di fare il vuoto totale nella propria mente e si prenda sonno. Al mattino, si avrà modo di rendersi conto che il risultato, almeno in parte, è stato raggiunto; ma, soprattutto, si avverte la sensazione che, procedendo nella pratica autosuggestiva, non tarderà a giungere il risultato pieno.

Un vecchio indiano, volendo comunicare a suo nipote i pregi

dell'autosuggestione, gli raccontò una storia: "Vedi, figlio mio, la battaglia nel nostro cuore è combattuta da due lupi. Un lupo è maligno: è collera, gelosia, tristezza, rammarico, avidità, arroganza, autocommiserazione, colpa, risentimento, inferiorità, falso orgoglio, superiorità; è l'ego. L'altro è buono: è gioia, pace, amore, speranza, serenità, umiltà, gentilezza, benevolenza, immedesimazione, generosità, verità, compassione, fede". Il nipote, dopo averci pensato per qualche minuto, chiese al nonno: "Quale dei due lupi vince? Il vecchio rispose semplicemente: quello che tu nutri". E, a questo ri-guardo, lo studioso di magnetismo umano Adam Jackson così proclama: "Non si ottiene ciò che si è capaci di ottenere, ma ciò che si è convinti di ottenere. La vita rispecchia le convinzioni inconsce di ogni individuo. Si guadagna ciò che si pensa di valere. È possibile modificare le proprie convinzioni inconsce attraverso l'autosuggestione. Ciò che la mente può concepire e credere, può anche ottenere. Chi crede di poter conquistare, conquista".

MAGNETIZZAZIONE E SMAGNETIZZAZIONE DI OGGETTI

Oltre che per *influenzare* direttamente o indirettamente i propri simili, il fluido vitale (o energia mentale) può essere utilizzato per *magnetizzare* degli oggetti fisici. A dire il vero, qualsiasi oggetto che venga a contatto con un individuo umano ne assorbe il *magnetismo*, compenetrandosi dei relativi pensieri e sentimenti; il che spiega in parte l'azione dei talismani e delle reliquie, come pure la devozione e il rispetto di cui sono oggetto le nostre chiese, specialmente quelle più antiche, dove ogni effigie, ogni decorazione, ogni pietra emana tutto il magnetismo che vi hanno infuso nel corso dei secoli le numerose generazioni di fedeli attraverso le loro forme-pensiero di pietà e di venerazione.

Per la scienza del magnetismo i nostri pensieri e i nostri sentimenti non si limitano a influenzare le persone con cui viviamo o siamo in stretti rapporti, ma impregnano di sé anche gli oggetti fisici con cui quotidianamente veniamo a contatto, e non solo i vestiti che indossiamo o gli oggetti personali che solitamente usiamo o portiamo addosso, ma le stesse pareti di casa, i mobili, gli arredi, le suppellettili. Inconsapevolmente noi magnetizziamo tutto ciò con cui siamo in qualche modo in relazione incidendovi i nostri desideri, le nostre angosce, le nostre paure, come anche le nostre gioie, i nostri entusiasmi, le nostre illusioni. Dal nostro orologio da polso ai nostri indumenti intimi, ai nostri abiti da sera, dalla nostra automobile al nostro appartamento in città, alla nostra casa al mare, tutto, come suol dirsi, *parla* di noi perché, in tutte le nostre cose, ci "entriamo dentro" continuamente imprimendovi il marchio del nostro *magnetismo personale*.

Tra gli oggetti che tendono a caricarsi di ogni sorta di magnetismo sono i libri, in particolar modo quelli delle biblioteche pubbliche, soggetti come sono ad essere manipolati da un gran numero di individui depositari di una vasta gamma di stati mentali ed emotivi. I Maestri ci mettono in guardia al riguardo, consigliando di non affidare i *nostri* libri a persone che non godono della nostra stima e della nostra fiducia, o che sappiamo affetti da gravi patologie di natura psichica.

Altro bene materiale suscettibile di magnetizzazione incontrollata è sicuramente il denaro circolante; questo oggetto, infatti, sia in moneta metallica sia in biglietti di banca, ha molte possibilità di assorbire influenze dannose, impregnandosi dei pensieri e dei sentimenti, tutt'altro che nobili, delle persone che lo maneggiano. A questo riguardo, a presentare i maggiori inconvenienti sono le monete di rame e di bronzo e i biglietti vecchi e logori; il pericolo diminuisce con le monete di nichel, e ancora di più con quelle di argento e di oro; per la carta moneta sarebbe opportuno un riciclo più frequente di nuove banconote. C'è da rilevare, però, che a ridurre il danno ci ha pensato il moderno sistema bancario, che affida alle schede bancomat e alle carte di credito anche i piccoli pagamenti, liberandoci in molta parte non solo dalla manipolazione del denaro contante, ma della stessa incombenza di averlo nel portafogli o nel borsellino.

Ad assorbire intensamente gli influssi magnetici sono gliarredamenti del letto: lenzuola, coperte, cuscini, materassi, reti metalliche. È esperienza di molti aver constatato che l'uso di cuscini già adoperati da altri abbia provocato sonni agitati o, peggio ancora, inusitate forme di cefalalgia. Quanto ai tessuti di lana, coperta o vestito che sia, i Maestri suggeriscono di non metterli mai a diretto contatto con la pelle, essendo la lana impregnata di influssi magnetici provenienti da animali, a meno che, e questo lo diciamo noi, a fornirci la materia prima non sia stata la pecora che abbiamo allevato personalmente con le nostre cure e il nostro amore, e che abbiamo tosato all'inizio dell'estate.

Alcuni alimenti, come il pane e i dolci, la cui fattura impegna spesso l'uso diretto delle mani, assorbono facilmente il magnetismo della persona che li prepara, giacché è proprio dalle mani che l'influsso magnetico si sprigiona con più forza. Per fortuna, tali inconvenienti vengono in gran parte eliminati con la cottura e, ancor più, con la provvidenziale produzione su base industriale affidata quasi esclusivamente alle macchine.

Del resto nella vita ordinaria, per le medesime ragioni perlopiù inconsce, ognuno di noi si taglia i capelli dal *proprio* parrucchiere, si fa vestire dal *proprio* sarto, si fa curare dal *proprio* medico. Tutto questo avviene non tanto per la fiducia che noi nutriamo in termini di abilità e di competenza professionale, quanto per la *sintonia* vibrazionale che intercorre tra il nostro magnetismo e quello emesso dall'artigiano o dal professionista, delle cui prestazioni noi fruiamo abitualmente.

Tra tutti gli oggetti fisici, le pietre preziose sono quelle che maggiormente assorbono e trattengono le vibrazioni magnetiche. Vi sono ad esempio molti gioielli antichi, anche storicamente celebri, che malgrado il lunghissimo tempo trascorso conservano ancora oggi tracce dei sentimenti di invidia e di cupidigia o altre deleterie emanazioni, legate ai delitti commessi per venirne in possesso. Al contempo esistono, però, dei gioielli, altrettanto celebri, che costituiscono dei potenti serbatoi di vibrazioni buone e fortemente positive, in grado di suscitare sentimenti puri e spiritualmente elevati. È il caso di talune pietre gnostiche le quali, a distanza di duemila anni, mantengono a tutt'oggi la loro benefica influenza; utilizzate dagli adepti durante le cerimonie iniziatiche, esse risultano sature di vibrazioni di purezza e di alta spiritualità. Lo stesso può dirsi di taluni *scarabei* risalenti all'antica civiltà egizia che, a distanza di millenni, conservano pressoché intatta la loro potente efficacia di veri e propri accumulatori di energia positiva.

A questo riguardo, i Maestri ci mettono in guardia dall'uso indiscriminato degli stessi gioielli di famiglia, di cui si sia venuti in possesso per via ereditaria o per spontaneo passaggio generazionale. Prima di indossare un anello con delle pietre incastonate o una collana di perle appartenuti alla nostra bisavola, bisogna verificarne non solo la compatibilità con il nostro magnetismo personale, ma anche e soprattutto la qualità della carica energetica; per queste operazioni ci viene incontro in maniera sbalorditiva la radioestesia con la sua tecnica del pendolino.

Partendo dal presupposto della "magnetizzabilità" degli oggetti fisici, ciascuno di noi può con un certo sforzo di volontà *imprimere* pensieri e sentimenti su quanto ci interessa, avendo cura di liberare preliminarmente l'oggetto del magnetismo preesistente. Dopo una profonda respirazione (inspirazione ed espirazione con ritenzione del respiro), appoggeremo la nostra mano magnetica (la destra se *proiettivi*, la sinistra se *attrattivi*) sull'oggetto e ci concentreremo per qualche minuto su ciò che abbiamo in mente di comunicare; ripeteremo più volte l'operazione, fino a quando non avremo la netta sensazione di avvertire "nostro" l'oggetto magnetizzato.

Si segue un procedimento analogo, se attraverso la magnetizzazione di un oggetto si vuole ottenere un *talismano*, ossia un qualcosa di fortemente *magnetizzato* di cui avvalersi nelle più diverse circostanze e nei momenti di maggiore difficoltà.

Così, se si vuole di un oggetto fare un talismano, occorre innanzitutto sbarazzarlo di tutta la sua materia *eterica* e *astrale* (sono, per la scienza del magnetismo, le due forme di materia *sottile*, di cui è dotato qualunque oggetto, oltre a quella propriamente fisica). Liberato dal magnetismo preesistente, l'oggetto ridiventa, per così dire, vergine, suscettibile per conseguenza di assorbire e conservare tutto ciò che si desidera. L'operatore, concentratosi fortemente sulle qualità speciali che intende comunicare al talismano, pone la sua mano magnetica sull'oggetto e proietta su di esso con tutta l'energia di cui è capace il contenuto desiderato. Da un magnetizzatore esperto tutta l'operazione può essere compiuta nel giro di qualche minuto.

Oltre al talismano "generale", che si ottiene con il procedimento di cui si è detto, vi è il talismano *collegato*, il quale è "preparato" in modo da essere mantenuto in stretto rapporto con il suo autore. Grazie a questo legame, il portatore del talismano può, quando ne abbia bisogno, chiedere soccorso al magnetizzatore concentrandosi per pochi secondi sull'oggetto magnetizzato.

Sul piano eminentemente pratico, una particolare importanza viene riservata al talismano "caricato" di fiducia e di coraggio, per via della duplice funzione a cui esso assolve. Da un lato, infatti, le vibrazioni provenienti dal talismano si oppongono ai sentimenti di paura non appena questi insorgono, impedendo loro di accumularsi e di rafforzarsi, come spesso accade ai soggetti che vengono colti per un qualsiasi motivo dalla sfiducia e dallo smarrimento, allorché si trovano ad affrontare una difficile situazione. Dall'altro lato è lo stesso talismano che, con la sua sola presenza, agisce indirettamente sulla mente del portatore il quale, non appena avverte i primi segni della paura, quasi istintivamente cerca sostegno nell'oggetto magnetizzato, facendo appello alla sua riserva di forza volitiva per resistere al deleterio sentimento.

Come si è già detto, le pietre preziose possiedono per natura una particolare predisposizione ad assorbire e a trattenere le vibrazioni magnetiche, e di conseguenza a divenire con relativa facilità dei talismani efficaci. Nella pratica magnetica, la gran parte dei talismani personalizzati vengono ottenuti dai cristalli, i quali possono essere individuati a adattati sulla base del segno astrologico a cui il soggetto destinatario appartiene. Così verranno scelti il rubino e qualunque pietra rosso vivo per il soggetto *Ariete*; lo smeraldo e qualunque pietra verde per il *Toro*; l'agata e la corniola, ma anche altre pietre gialle e giallo arancione, per i *Gemelli*; la perla e qualunque pietra bianco-latte o bianco-argento per il *Cancro*; il diamante e tutte le pietre color oro per il *Leone*; il topazio e la giada, ma anche tutte le pietre giallo chiaro e verde chiaro, per la *Vergine*; lo zaffiro e tutte le pietre bianche trasparenti o azzurre per la *Bilancia*; il topazio scuro e tutte le pietre rosso scuro per lo *Scorpione*; l'ametista e tutte le pietre color viola per il *Sagittario*; l'onice e tutte le pietre di colore nero per il *Capricorno*; lo zaffiro e tutte le pietre azzurre e grigio-azzurre per l'*Acquario*; l'acquamarina e qualunque pietra azzurra trasparente per i *Pesci*.

Prima di procedere alla magnetizzazione del cristallo, qualunque esso sia, taluni Maestri suggeriscono di sottoporlo a una sorta di "pulitura" fisica, mettendolo sotto la neve per un paio di giorni, se il minerale è trasparente, per un tempo maggiore se è scuro o opaco. In mancanza di neve, si può far ricorso ad una ciotola di coccio o di vetro piena di sale grosso e lasciarvi il cristallo dentro per una diecina di ore. Una volta operata la "pulizia" fisica, occorre lavare il cristallo con bagno schiuma o sapone liquido e, comunque, con un detergente morbido e poco aggressivo. Evidentemente questa azione preliminare, qualora la si ritenga opportuna, riguarda esclusivamente la materia fisica e non certamente la materia eterica e astrale, le cui vibrazioni possono essere trattate soltanto attraverso l'influenza *mentale*; per la scienza del magnetismo, la gerarchia dei *piani* non ammette salti, giacché il superiore domina sempre l'inferiore. Dando per scontata la possibilità di magnetizzare gli oggetti fisici, è altrettanto possibile, e in determinate situazioni molto utile, operare la loro *smagnetizzazione*.

Un magnetizzatore esperto è in grado di smagnetizzare gli alimenti, gli indumenti, gli arredi del letto, un'automobile, una stanza d'appartamento; tuttavia, è quasi impossibile agire sul magnetismo malsano di certi corpi, come può essere quello legato alle vibrazioni nocive della carne, che non riesce a distruggere neppure la stessa cottura. *Smagnetizzare* significa essenzialmente sbarazzare l'oggetto di tutta la sua materia sottile, facendolo passare attraverso una pellicola di materia eterica "costruita" con un atto di forte concentrazione mentale; allontanato il magnetismo preesistente, entra in azione l'*etere* ordinario dell'atmosfera circostante, giacché esiste in natura una pressione *eterica* in corrispondenza della ordinaria pressione atmosferica, rispetto alla quale, però, è infinitamente più forte. Una volta *smagnetizzato*, l'oggetto (qualunque oggetto) diviene come una sorta di foglio bianco su cui si può scrivere ciò che si vuole.

A conclusione di queste note, riteniamo utile ricordare che uno studioso di magnetismo umano, il quale abbia raggiunto un certo grado di *potenza magnetic*a, non trascurerà mai di comunicare la sua *influenza* benefica a tutti gli oggetti che passeranno dalle sue mani a quelle di altri, specialmente se questi altri sono persone a cui egli è particolarmente legato da vincoli di amicizia o di affetto. A questo riguardo, sul piano eminentemente pratico, si pone il problema dei regali, sui quali i Maestri mettono in guardia sulla possibile nocività energetica, se provenienti da persone di dubbia positività psichica e mentale. Non raramente, indumenti o semplici oggetti ornativi, regalati in occasione di anniversari o in segno di presunta gratitudine, si sono dimostrati per gli ignari gratificati fonte di seri disturbi fisici e mentali.

Evidentemente, qualunque *mago bianco*, grande o piccolo che sia, si prodigherà per definizione a rendere magneticamente positivo qualunque oggetto passi per le sue mani, creando dei veri e propri centri di influenza magnetica, la cui benefica efficacia potrà benissimo protrarsi nel tempo. Sotto questo profilo, un operatore esperto sarà in grado, con un adeguato sforzo di volontà, di magnetizzare una lettera scritta al computer molto meglio di quanto una persona di debole magnetismo personale possa magneticamente influenzare un foglio scritto a mano.

Capitolo IV

MODALITÀ DI INFLUENZA POSITIVA

NOTAZIONE PRELIMINARE

Occuparsi delle modalità d'impiego del magnetismo personale richiede il presupposto primario che qualunque forma di utilizzo del proprio patrimonio energetico può aver luogo solo attraverso l'influenza mentale, e ciò a prescindere se si tratta di intervento a distanza, o di un'operazione ad azione diretta in presenza del soggetto o dell'oggetto destinatario del trattamento.

Allorché le nostre vibrazioni mentali sono canalizzate verso un obiettivo fisicamente lontano dalla nostra portata, si può parlare di *influenza a distanza*, e, sul piano fenomenologico, possono verificarsi situazioni di eterosuggestione o di comunicazione telepatica, ma anche interventi di natura terapeutica attivati da catene telepsichiche. Quando il destinatario dei nostri interventi è presso di noi, il fenomeno maggiormente presente nell'immaginario collettivo è la guarigione magnetica attivata dalla *pranoterapia* e da tutte le tecniche basate sull'utilizzo diretto del magnetismo personale; qualora il destinatario dell'intervento sia un oggetto, si è in presenza di un semplice fenomeno di magnetizzazione, quale che sia la finalità perseguita.

L'influenza diretta tra entità mentali è stata ormai abbondantemente verificata sul piano sperimentale. Numerose ricerche, condotte negli ultimi anni in Europa e negli Stati Uniti da studiosi singoli o da gruppi, hanno permesso di raggiungere attraverso una rilevante quantità di dati la certezza che "il pensiero si comunica a distanza da una persona all'altra". Operando per esperienza diretta, taluni ricercatori hanno sperimentato con successo la trasmissione mirata di immagini a dei collaboratori spazialmente lontani, e sono riusciti a provocare, di sorpresa, l'ipnosi a distanza.

Le numerose prove, tuttavia, non sembrano autorizzare ad ammettere una generalizzata possibilità di influenzare mediante suggestioni mentalmente formulate; ancorché in molti, coloro che si sono rivelati emissivi o *percettivi* di irradiazioni mentali costituiscono pur sempre una minoranza. Si pone pertanto l'interrogativo se non siano da considerare fatti eccezionali la comunicazione di pensiero e l'influenza a distanza, con la conclusione che la stragrande maggioranza degli individui sia incapace di compiere o di subire l'azione telepatica; o se non sia invece il contrario, e cioè che ogni pensiero ha il potere di esteriorizzarsi e tende a raggiungere, conformemente al suo contenuto vibratorio, l'entità mentale a cui è indirizzato.

Da parte nostra, anche se in punta di piedi, sia facendo credito ai numerosi esperimenti registrati, sia soprattutto affidandoci agli insegnamenti dei Maestri, propendiamo per la seconda ipotesi. Ciò che resta eccezionale, e non può essere altrimenti, è la ripercussione immediata e integrale della trasmissione di uno stato emotivo o di un impulso sentimentale a un soggetto estraneo, vicino o lontano che sia, giacché la *telepsichìa* (trasmissione a distanza di stati emotivi o psichici), a differenza della telepatia (trasmissione a distanza del pensiero), è legata nei risultati alle qualità e alle capacità non comuni del *teletrasmettitore*.

Ma, se è vero che una qualunque suggestione non potrà avere una penetrazione immediata nella coscienza di un soggetto, che opponga, anche inconsciamente, delle resistenze, o non si trovi nelle condizioni di massima ricettività, è anche vero che, se la suggestione verrà ripetuta nel tempo e sarà portata avanti con vigore, prima o poi i suoi effetti avranno la meglio sul destinatario.

È un meccanismo, questo, che produce ugualmente i suoi risultati, se a metterlo in moto è una persona che, pur ignorando le leggi dell'influenza a distanza, insiste con pervicacia a inviare messaggi (evidentemente mentali) in una certa direzione, giacché, come la classica goccia d'acqua, anche una debole azione mentale può alla lunga lasciare la propria impronta sulle decisioni più solide e sulle scelte più risolute. Noi tutti veniamo influenzati, a nostra insaputa, da innumerevoli proiezioni psichiche e mentali, come, anche noi, esercitiamo il nostro influsso, senza saperlo, non soltanto sulle persone oggetto dei nostri pensieri, ma anche su quelle ad esse legate o semplicemente collegate. Ne segue che l'irradiazione psichica e mentale, riflesso inevitabile dell'attività affettiva e intellettiva, deve essere considerata una proprietà normale e ordinaria dello spirito umano.

Se così è, insorge la necessità di saper utilizzare in maniera opportuna e conveniente questa proprietà del pensiero, che ciascuno di noi attiva inconsciamente, e non raramente in direzione contraria al proprio bene. In linea generale, diciamo subito che, per usarne con profitto, occorre governare l'emissione, commisurando e perequando l'energia, la durata e la frequenza dell'influsso alla capacità di resistenza del destinatario.

A questo riguardo, consideriamo essenziali sei proposizioni lapidarie che il grande studioso di magnetismo umano Paul Jagot ci ha indicato qualche decennio fa. In base alla prima, risulta conveniente esprimere per immagini ciò che si vuol trasmettere. Per la seconda, la conformità dell'effetto all'intenzione si ottiene in misura direttamente proporzionale alla precisione delle immagini irradiate. Per la terza, la forza propulsiva di un'emissione è commisurata al potere volitivo e, soprattutto, al desiderio che si avverte di influenzare il soggetto preso di mira. Secondo la quarta proposizione, una sola emissione giornaliera di una certa durata consegue un'efficacia superiore a quella prodotta da due emissioni di durata dimezzata. Per la quinta, ciascuna emissione, se espressa correttamente, modifica sempre, in misura maggiore o minore, le disposizioni psichiche e mentali del destinatario in conformità alle intenzioni dell'operatore. Per la sesta, infine, la modificazione del soggetto si produce nella misura in cui le emissioni si susseguono l'una all'altra.

Sul piano interpretativo, il valore dei primi due assunti può riassumersi nella necessità o, quantomeno, nella convenienza di rivolgere grande cura alla costruzione delle immagini che si ha in mente di comunicare. La terza proposizione muove dal presupposto che le rappresentazioni mentali, anche se ben delineate, non producono per se stesse che degli effetti deboli; ciò significa che il sicuro risultato dell'operazione è strettamente legato allo slancio impetuoso di una volontà forte e determinata, di una viva emozione, di un intenso desiderio. La quarta legge obbliga alla metodicità temporale e alla sistematicità dell'impegno giornaliero, solo rispettando le quali si raggiunge l'obiettivo. La quinta proposizione definisce la vera natura dell'obiettivo perseguito, che consiste fondamentalmente nella modificazione progressiva delle disposizioni psichiche e mentali del telericevente. Il sesto assunto costituisce, in un certo senso, il corollario dei cinque precedenti, giacché dà per scontata la trasformazione del soggetto, evidentemente commisurata alla regolarità e alla intensità delle emissioni. Alle proposizioni di Jagot ci permettiamo di aggiungere due regole in appendice, che un operatore avveduto non dovrebbe mai eludere. La prima è che, al termine di ciascuna emissione, dovrà astenersi in assoluto dal pensare al soggetto e a tutto ciò che in qualche modo lo riguarda. La seconda è che, a emissione conclusa, dovrà procurarsi una perfetta distensione dei nervi e del cervello, dedicandosi a una qualunque attività che sappia di svago e di sana distrazione; in mancanza d'altro, una bella dormita in una comoda poltrona potrà essere una scelta altrettanto salutare.

Tra le modalità di utilizzo del magnetismo personale, quella più popolare e maggiormente radicata è di certo la cura magnetica diretta, identificata nel linguaggio comune con il termine "pranoterapia".

LA CURA MAGNETICA DIRETTA

Nella pratica ordinaria del magnetismo umano, e ancor più nell'immaginario collettivo, la cura magnetica diretta viene identificata con la *pranoterapia*, ossia con la tecnica curativa che, attraverso l'imposizione delle mani, permette al paziente di riassestare il meccanismo di accumulazione e di distribuzione del suo patrimonio energetico. "Prana" è il termine con cui solitamente occultisti ed esoteristi chiamano la forza vitale. Si tratta di una parola sanscrita, derivata da *pra* che significa *avanti* o *fuori* e da *an* che significa *respirare, muoversi, vivere*. Pra-an, o prana, ha pertanto il significato di respiro o di *energia vitale*.

La trasmissione del prana, che può aver luogo in modo del tutto automatico con la semplice vicinanza fisica, può essere prodotta consapevolmente e seguendo tecniche ben precise; e questo, proprio attraverso la pranoterapia.

Come affermano i Maestri, tutti siamo dei magnetizzatori in potenza; e ciascuno di noi possiede la forza magnetica necessaria per curare i propri simili, ma solo allo stato latente. Perché tale potenzialità si traduca in atto e diventi efficace, occorre coltivarla, potenziarla, orientarla. Non basta quindi il semplice possesso dell'energia vitale per poter praticare la cura magnetica diretta, giacché sono necessarie l'acquisizione di un buon livello di concentrazione e un'adeguata conoscenza delle tecniche proiettive.

Una tale premessa comporta l'esigenza di presentare la figura del *pranoterapeuta* nella sua reale dimensione, di un operatore che, utilizzando come mezzo terapeutico il *prana*, non si contrappone, né si sostituisce al dottore in medicina, ma "si pone" accanto a lui come tanti altri operatori che praticano la medicina alternativa, impegnando le proprie energie al servizio del suo simile. Il pranoterapeuta, che non è medico e non possiede i titoli per l'esercizio della professione medica, deve quindi astenersi dal fare diagnosi, dal prescrivere farmaci, dal richiedere onorari prefissati. I suoi interventi, se limitati all'uso esclusivo della forza vitale, sono legittimi e non contravvengono ad alcuna norma del codice penale.

Il vero pranoterapeuta, quello che non è perseguibile per esercizio abusivo della funzione medica, non ha altro strumento che le proprie mani e non fa ricorso ad altro se non alla propria energia vitale. Non gli occorrono macchinari o particolari scenografie, non gli servono né assistenti, né infermiere, non gli è necessario il primo piano di un palazzo in centro città. Al contrario, egli ha bisogno di un ambiente aperto e arieggiato, sobrio e discreto, delicatamente arredato e dall'atmosfera familiare. Non ha da buttare fumo negli occhi, né ha da esercitare suggestioni e incantamenti; non ha che da concentrarsi sull'obiettivo da raggiungere e soprattutto ha da canalizzare il proprio fluido vitale.

Da uno studio attento della tipologia dei soggetti che fanno ricorso al pranoterapeuta emergono cinque grandi categorie di pazienti: il fiducioso, lo sfiduciato, il mistico, l'ostile, il diffidente. Dando per scontata la positiva disposizione del "paziente fiducioso", che rappresenta il massimo livello della predisposizione ricettiva, più o meno problematiche risultano le altre quattro tipologie, nei confronti delle quali si impone, da parte dell'operatore magnetico, un particolare atteggiamento etico-professionale al fine di impegnare quanto più proficuamente possibile le proprie risorse energetiche.

Il tipo sfiduciato si presenta al pranoterapeuta ostentando la propria malattia, con esibizione di lastre, certificazioni mediche, ricette, cartelle cliniche, liste di spese sostenute. Racconta con dovizia di particolari il suo calvario da uno specialista all'altro, da un ospedale all'altro, da una clinica all'altra, senza aver ottenuto alcun risultato. Si sforza di parlare della sua malattia, ma esattamente non sa di che cosa si tratta; chiede perciò al guaritore di prendere visione della sua copiosa documentazione, per scoprire i sicuri errori nella diagnostica e soprattutto la mancata individuazione della giusta terapia.

Tra il lamento e la disperazione, si dichiara interamente disponibile a qualsiasi trattamento pur di guarire dal male che l'affligge. È sicuramente un caso difficile per il pranoterapeuta, il quale deve ascoltare con grande pazienza senza entrare nel merito delle diagnosi e delle terapie presenti nelle certificazioni esibite; deve altresì astenersi dal criticare l'itinerario terapeutico seguito dal paziente, così come deve astenersi da ogni lettura o interpretazione delle cartelle cliniche che gli vengono presentate; e ciò per due motivi, primo perché non servirebbe a nulla, poi perché potrebbe incorrere nell'accusa di "abuso della professione medica" (ai sensi dell'art. 348 del Codice Penale). Al pranoterapeuta spetta il compito di "radiografare" il paziente con la tecnica del caldo e del freddo, di localizzare il male, di preventivare, affidandosi alla sua esperienza, il numero di sedute a cui dovrà sottoporlo, di impegnarsi a fondo nella proiezione fluidica. Nella pratica ordinaria, se la sensazione è di caldo, si è di fronte ad un organo congestionato, infiammato, ostruito, o impegnato ad organizzare le sue difese contro agenti patogeni particolarmente aggressivi; se di freddo, si è in presenza di un organo bloccato, inceppato, insufficientemente irrigato.

Diversa, anche se altrettanto pericolosa, è la posizione del tipo mistico il quale, pur presentandosi in apparenza con le caratteristiche del tipo fiducioso, si professa credente e si attende il miracolo della guarigione. Mostra una sacra riverenza verso il pranoterapeuta, perché convinto di trovarsi di fronte a un santo o, quantomeno, a un "unto del Signore". Si sente perseguitato da forze malefiche, vede l'azione del maligno dappertutto e prova sollievo se l'operatore si presenta in abiti "stregoneschi", circondato da iconografie religiose e da un grande crocifisso che troneggi sulla parete principale dello studio.

Nei confronti di un tipo siffatto, il pranoterapeuta deve mostrare la massima fermezza, sforzandosi di convincere il paziente che i suoi poteri sono di origine naturale, che l'energia bio-radiante da lui posseduta non ha nulla di sacro o di trascendente, che i suoi interventi non hanno niente di miracoloso e di soprannaturale. Contenere il furore mistico non solo restituisce dignità professionale al guaritore magnetico, ma impegna lo stesso paziente a cooperare con i propri meccanismi naturali nell'itinerario terapeutico; l'attesa del miracolo per "mano divina" potrebbe bloccare il libero svolgimento dell'operazione magnetica e, nel caso di non immediati risultati positivi, il pranoterapeuta si ritroverebbe un nemico e un accanito accusatore in più.

Un soggetto particolare e psicologicamente complicato è il tipo ostile. È colui che si rivolge al pranoterapeuta come all'anello più fragile della catena dei terapeuti, nella piena consapevolezza che si tratta di un operatore che svolge la sua professione sul filo della legalità e della legittimità; ed è lì per approfittare della vulnerabilità del terapeuta con l'intenzione di renderlo corresponsabile dei suoi presunti malanni e, servendosi dell'arma del ricatto, ne ottiene la disponibilità ad essere curato a tempo indeterminato. Il tipo ostile soffre perlopiù di malattie immaginarie che mutano continuamente. Così, se si rivolge al pranoterapeuta per essere curato di un abbassamento della vista, dopo l'imposizione delle mani non si fa scrupolo di gridare di essere diventato cieco; oppure, al primo o al secondo trattamento denuncia di soffrire di insonnia, cosa che non gli accadeva prima, o di avvertire difficoltà ad un'importante funzione organica. Il suo comportamento è quello di un nevrotico grave che, non tollerato e schivato dai dottori in medicina, allorché è riuscito ad entrare in rapporto con un pranoterapeuta, trova il modo per ricattarlo e sfruttarlo, reclamando e pretendendo le sue cure e la sua comprensione.

Nei confronti del tipo ostile, una volta che si è riusciti a riconoscerlo, bisogna tenere un comportamento fermo e deciso. Al pranoterapeuta non resta che interrompere drasticamente le sedute o non iniziarle affatto, e dirottare il soggetto verso la medicina ufficiale dell'Azienda sanitaria locale. Protrarre la cura, sperando in una conversione del paziente, esporrebbe l'operatore a difficoltà insormontabili e a rischi che potrebbero compromettere la sua serenità professionale, e probabilmente anche il suo equilibrio personale.

Con connotazioni sue proprie e del tutto originali si presenta il tipo diffidente. Si tratta, in genere, di un soggetto colto, ben istruito nella scienza medica, che critica il linguaggio poco forbito e sintatticamente imperfetto del pranoterapeuta, ma che è lì, nel suo studio, perché sta male e vuol tentare la terapia alternativa. Malgrado la sua presunta superiorità e il desiderio di sfoggiare tutta la sua cultura, il tipo diffidente, tuttavia, si sottopone docilmente al trattamento pranoterapico, mettendo l'operatore nelle sue migliori condizioni.

Circa il comportamento da tenere nei confronti di un soggetto siffatto, si consiglia al pranoterapeuta di non addentrarsi in discussioni di natura scientifica né di entrare in competizione sul piano culturale; bisogna mostrarsi per quello che si è: una persona capace di concentrarsi e di canalizzare il proprio fluido, che finalizza la sua attività, professionale o meno, a lenire le sofferenze dei suoi simili, utilizzando esclusivamente le sue risorse magnetiche, il prana.

Sul piano strettamente tecnico, ciò che contrassegna la maggiore o minore abilità di un operatore magnetico è la *canalizzazione* del fluido vitale. Partiamo intanto dal presupposto che qualunque operazione di magnetizzazione volontaria comporta un impiego straordinario di energia vitale. Possiamo facilmente rendercene conto allorché magnetizziamo una pianta da salotto, al fine di rinvigorirla o di potenziarne la sensibilità; constateremo che i nostri interventi non tutti i giorni avranno la stessa efficacia. Ci saranno giorni in cui tutto procederà bene, altri in cui incontreremo dei problemi; e ciò, evidentemente, dipenderà dal nostro stato psico-fisico, dal nostro benessere personale.

La magnetizzazione, di per sé, consuma una parte dell'energia di cui disponiamo; la proiezione all'esterno del fluido vitale, entro un tempo più o meno lungo, impoverisce progressivamente le nostre risorse, fino a esaurirle del tutto. Ne segue che, se vogliamo impegnarci nella pratica magnetica in modo sistematico e continuativo, abbiamo bisogno di riequilibrare costantemente il nostro patrimonio energetico; senza il recupero, corriamo il rischio di ammalarci e di trasformarci da terapeuti in pazienti. Prima di impegnarci in esercitazioni magnetiche, occorre perciò procedere ad un esame accurato della nostra situazione personale, ponendo a noi stessi degli interrogativi. Innanzitutto dobbiamo chiederci se siamo sufficientemente forti, se ci sentiamo energici, se dominiamo facilmente le piccole contrarietà. Dobbiamo inoltre domandarci se sappiamo trascurare opportunamente taluni nostri piccoli malanni e riconoscere invece quelli che siamo obbligati a curare.

A quest'ultimo riguardo vogliamo sottolineare il fatto che un buon magnetizzatore, così come è in grado di curare gli altri attraverso l'impiego del proprio fluido vitale, lo è ancor più per curare o guarire se stesso. Curare con il magnetismo significa ricomporre l'equilibrio energetico del paziente; lo stesso meccanismo vale allorché si agisce su se stessi, giacché si tratta di dirottare energia vitale in quelle parti del corpo dove essa difetta o circola in misura insufficiente, inceppando una particolare funzione organica o rendendo difficoltosa l'attività dell'intero organismo.

Una volta che ci siamo riassicurati di essere in buona salute, programmiamo la nostra vita quotidiana in modo da conservarci in tale favorevole situazione: niente eccessi, dormire a sufficienza, vivere in locali ben aerati. Fin quando non saremo in buona salute, avremo bisogno di utilizzare pienamente l'energia che avremo capitalizzato attraverso la respirazione e l'alimentazione; e, se ci faremo prendere dalla inconsideratezza di trasmettere volontariamente energia in direzione di ipotetici pazienti, entreremo noi in stato di squilibrio e ci ammaleremo a nostra volta. Quando decideremo di prodigarci per gli altri, dovremo avere la piena certezza di trovarci in condizioni di perfetto equilibrio energetico, che ci permetteranno di dirottare sui nostri simili quella quantità di energia che non avremo bisogno di conservare per le nostre necessità.

A questo punto risulta utile definire il ruolo del magnetizzatore: captare il fluido magnetico, immagazzinarlo, distribuirlo opportunamente nei vari chakra, creare le necessarie onde di trasmissione, incanalare le radiazioni e dirigerle verso il soggetto o l'oggetto da magnetizzare. E, comunque, un fatto è certo, che nella pratica magnetica qualunque operazione è affidata al cervello, all'attività di pensiero; per il pranoterapeuta le mani sono soltanto il canale attraverso cui scorre il fluido vitale, giacché, se sono le mani ad inviare il fluido verso il paziente, non sono esse che sanno come canalizzarlo; è il cervello che assume il compito di direzione generale di tutte le operazioni.

È noto a tutti come il fluido vitale di cui disponiamo si trovi diffuso in tutto il corpo e come qualunque parte del corpo possa esteriorizzare tale fluido; ma è ugualmente noto come non tutte le parti del corpo abbiano il potere di "puntare" il fascio bio-radiante in direzione della zona fisica oggetto di trattamento. È un ruolo, questo, di specifica competenza delle nostre mani le quali, tra le diverse parti del corpo, sono particolarmente favorite, e ciò per via delle dita che permettono di raggiungere il bersaglio con maggiore facilità. Tra gli organi che formano il nostro corpo, le mani costituiscono lo strumento privilegiato per trasmettere il fluido magnetico.

Come si può facilmente sperimentare, se in presenza di un cane che incontriamo per strada stendiamo la mano sulla sua testa, vediamo l'animale avvicinarsi e poggiare il capo sulla nostra mano tesa; e se il nostro gesto è compiuto con dolcezza anche il cane più diffidente assume un comportamento analogo. Lo stesso può dirsi dei gatti, alcuni dei quali si drizzano sulle zampe posteriori per raggiungere più rapidamente la mano che si tende verso di loro. Il fatto è che tanto i cani quanto i gatti, i quali ci conoscono bene per aver vissuto da lunghissimo tempo a contatto con l'uomo, sanno bene per istinto che dal cavo della nostra mano si irradia un fluido che essi avvertono come benefico e sicuramente piacevole.

Allorché si parla della canalizzazione fluidica, i Maestri insistono sulla necessità che il magnetizzatore, prima di operare, debba porsi in un particolare stato di concentrazione, impedendo che pensieri parassiti possano distrarlo dall'obiettivo che intende perseguire, ossia la guarigione del paziente. Il primo suggerimento è quello di pensare fortemente a ciò che si fa e al risultato che si vuole ottenere. Pensare al risultato significa visualizzare mentalmente la scomparsa del male, "vedere" rimesso in ordine di marcia l'organo o il membro che si sta trattando; significa creare mentalmente un'immagine della guarigione, ma non un'immagine sfumata o annebbiata, ma un'immagine chiara, nitida, come se la si guardasse al microscopio o con la lente d'ingrandimento. Si può, ad esempio, visualizzare un'ulcera che si cicatrizza, una ferita che si chiude, un eczema che si essicca, un arto che riprende la sua funzione motoria.

Successivamente, come se si volesse trasmettere tale immagine al paziente, occorre fissare lo sguardo con la massima intensità sulla parte centrale della zona sofferente, e visualizzare questo centro come una sorta di bersaglio, in direzione del quale stiamo puntando le nostre radiazioni.

Quanto alle tecniche operative, esse dipendono dai fattori più diversi, dall'affezione che stiamo trattando, dal temperamento del paziente, dal nostro stesso temperamento. Tra le regole ormai collaudate dalla pratica, la prima regola sicuramente ineludibile è che bisogna magnetizzare discendendo, ossia dalla testa verso i piedi e mai dai piedi verso la testa. La seconda riguarda la progressione degli interventi che, partendo dalla canonica imposizione delle mani, prosegue con le proiezioni digitali e conclude con i "passi" a corto flusso e con i "passi" a lungo flusso; ma tale sequenza non è obbligatoria, e i procedimenti possono essere invertiti. Quanto al tempo necessario per un efficace trattamento pranoterapico, è pressoché impossibile stabilire a priori il numero esatto delle sedute, giacché la durata della cura è legata a più fattori, quali lo stato fisico e psichico del terapeuta, la cooperazione del paziente e la sua ricettività, la natura e la gravità dell'affezione. Il numero degli interventi, pertanto, dipende dai singoli casi e non può essere previsto in anticipo.

In linea di principio è bene fissare le sedute ad almeno quarantotto ore di distanza l'una dall'altra, dal momento che il paziente reagisce al trattamento solo dopo qualche ora, o anche dopo qualche giorno. Abbiamo detto "in linea di principio", perché vi sono dei casi in cui diventa indispensabile agire a distanza ravvicinata, allorché si vuole potenziare l'effetto di un trattamento medico di pronto soccorso o di un intervento chirurgico. In questi casi, se l'urgenza richiede una serie di sedute ad intervalli ravvicinati, l'operazione magnetica deve essere di breve durata ma molto intensa; quanto alla cadenza, prima ogni mezz'ora, successivamente ogni ora. Naturalmente, lo scaglionamento delle sedute sarà deciso sulla base della gravità della situazione e dell'evoluzione della malattia.

È superfluo dire che la prima e principale tecnica operativa del magnetismo curativo resta l'imposizione delle mani. È noto come nella liturgia sacra l'imposizione delle mani consista in una cerimonia religiosa che viene celebrata per attirare le benedizioni del cielo, ed è altrettanto noto che nel linguaggio comune imporre le mani significa stendere le mani su qualcuno o su qualcosa per un tempo più o meno lungo. Per ciò che riguarda il trattamento magnetico, i due significati si sovrappongono, giacché qualunque magnetizzatore che abbia a cuore la sua immagine, allorché impone le mani, si augura che il suo intervento consegua il risultato più favorevole; sarebbe impossibile pensare ad un operatore serio che non sia profondamente desideroso di restituire la salute al suo paziente. Ci permettiamo di aggiungere che, durante l'operazione, un magnetizzatore consapevole del suo ruolo deve cercare di essere sempre calmo e disteso; sia che si serva dei passi magnetici, dell'imposizione delle mani, delle proiezioni digitali o di altre tecniche operative, i suoi gesti debbono essere soffici, morbidi, rilassati.

Di estrema importanza risulta nella pratica magnetica la tecnica dei "passi". Si tratta di quel movimento, lento o rapido a seconda dei casi, con il quale l'operatore "passa" al di sopra del corpo del paziente. I "passi" possono essere praticati a lungo flusso, partendo dalla testa per scendere progressivamente fine alla estremità dei piedi, o a corto flusso, allorché sono diretti ad una parte limitata del corpo. I passi a lungo flusso sono generalmente eseguiti alla fine di una seduta, come tecnica conclusiva dell'intera operazione magnetica. Sono passi che richiedono movimenti molto rapidi e risultano molto stimolanti per il paziente; è necessario sostenere i "passi" con volontà determinata, concentrando al massimo la propria mente sul risultato che si intende raggiungere.

Trattando delle tecniche operative, non ci si può esimere di fare un accenno ad una pratica magnetica poco adottata dagli operatori, la quale, se ben condotta, è in grado di produrre risultati sorprendenti. Si tratta del "soffio", considerato fin dai primordi dell'umanità il simbolo stesso della trasfusione della vita. È il soffio con cui il Dio della Bibbia diede la vita al corpo inerte di Adamo, e con cui maghi e sacerdoti di ogni tempo hanno prodotto miracolose guarigioni. Senza volere assicurare a nessuno che, grazie al soffio, si possono fare miracoli, ci permettiamo di dire che tale pratica, in determinati casi, risulta particolarmente efficace. Dal momento che la tecnica del soffio, il quale può essere sia caldo che freddo, comporta per definizione l'uso della bocca, si sconsiglia l'uso di questa tecnica a quanti non hanno le carte in regola con il proprio alito. Il soffio caldo si pratica con la bocca spalancata e consiste in una espirazione lenta e prolungata dopo aver riempito a sufficienza i polmoni. Si suggerisce di fare le prime esperienze su se stessi: copriamo il braccio con un panno pulito relativamente spesso, quale può essere un asciugamano, un ampio fazzoletto da naso piegato in quattro, o anche uno strato di cotone idrofilo; appoggiamo la bocca sopra, inspiriamo profondamente attraverso il naso, espiriamo molto lentamente l'aria inalata. Avvertiremo immediatamente una forte sensazione di calore al braccio. Dopo il primo soffio, occorre procedere con nuove e ripetute inspirazioni e con altrettante espirazioni.

La tecnica del soffio caldo, sicuramente energica ma spossante per l'operatore, risulta utile per tutti quei casi in cui è raccomandato il calore, come l'artrosi, la lombaggine, il torcicollo, la contrattura muscolare. L'operazione è di una semplicità estrema; si tratta infatti di stendere un panno sulla regione dolorante, sottile se l'intervento riguarda una parte del corpo protetta dai vestiti, più spesso se si agisce direttamente sulla pelle, e di svuotare i polmoni sulla zona interessata per una diecina di volte. I Maestri insistono sulla necessità di soffiare lentamente, prima perché un procedimento rapido non raggiungerebbe alcun risultato, poi perché un'espirazione troppo violenta potrebbe provocare stordimento nell'operatore. Come per tutte le altre tecniche di pratica magnetica, la raccomandazione primaria è quella di una forte concentrazione mentale sull'obiettivo che si vuole raggiungere.

Al contrario di quello caldo, il soffio freddo si pratica con la bocca quasi chiusa, e, come per il soffio caldo, si consiglia di iniziare gli esperimenti operando su se stessi. La tecnica del soffio freddo è altrettanto semplice da eseguire: accostare il dorso della mano davanti alla bocca, a distanza molto ravvicinata; inspirare lentamente e profondamente per riempire i polmoni, trattenendo il respiro; modulare le labbra, come se si volesse fischiare o, meglio ancora, come se si volesse spegnere una candela; quindi espirare, facendo il vuoto nei polmoni.

È indispensabile che l'aria fuoriesca con la massima regolarità, in modo che si avverta sul dorso della mano una sensazione di freddo.

Data la semplicità dell'esercizio, si cerchi di perfezionare la tecnica quanto più possibile attraverso un serio allenamento. Allontaniamo e avviciniamo il dorso della mano alle labbra; regoliamo l'apertura della bocca, diminuendo o aumentando la forza del soffio; misuriamo la gradazione della sensazione avvertita. Così facendo, impareremo gradualmente a controllare il soffio, a padroneggiarlo, a utilizzarlo al meglio.

Il soffio freddo è "negativo" e produce effetti sbloccanti. Lo si impiega per fronteggiare i dolori violenti, ma risulta molto utile per combattere l'astenia e l'indebolimento fisico; in tal caso il soffio freddo serve a ricaricare di energia vitale l'organismo della persona in difficoltà. Ipotizzando, ad esempio, un paziente astenico, con tendenza a sprofondare costantemente nella sonnolenza, che lamenta digestioni difficili, che soffre di atonia muscolare, questo è il classico caso, del resto molto frequente nel nostro tempo, per il quale la pratica regolare del soffio freddo riesce in maniera sbalorditiva a ridare la carica a degli organi e ad un mentale fortemente indeboliti. Occorre dirigere il soffio sulla fronte, a qualche centimetro dalla radice del naso. I Maestri raccomandano di stringere, durante l'operazione, la mano destra del paziente nella nostra mano sinistra e la sua mano sinistra nella nostra mano destra.

Dopo il rapido esame delle tecniche operative, riteniamo opportuno offrire qualche esempio pratico idoneo a far prendere coscienza della capacità d'intervento della pranoterapia, iniziando da uno degli inconvenienti più rappresentativi del tempo d'oggi, l'*insonnia*, un vero male sociale che comporta danni notevoli a chi ne è affetto, rendendo penoso il trascorrere della notte e impedendo il necessario ricambio energetico che solo una buona dormita può assicurare.

Se a lamentarsi di dormire male o di non dormire affatto è un nostro familiare, la questione è molto semplice, giacché possiamo occuparci del suo disturbo trattandolo direttamente nel suo letto e nell'ora abituale in cui si accinge a prendere sonno. Lasciando la stanza in penombra, dopo esserci avvicinati al suo letto, metteremo le mani ai lati della sua testa a qualche centimetro di distanza e le manterremo in questa posizione fino a quando non sentiremo il "passaggio della corrente". Restando in silenzio e immobili, dirigeremo il nostro sguardo sul suo, senza sforzo e con la massima dolcezza, e penseremo fortemente al sonno che vogliamo provocare; occorre che la concentrazione sia intensa, tale da impedire a qualunque altra idea fugace di interferire nel nostro mentale. Può darsi che al primo trattamento il risultato atteso non abbia luogo; senza scoraggiarci, continueremo con l'imposizione delle mani sera dopo sera, e sicuramente nel giro di qualche seduta raggiungeremo il fine che ci siamo prefissi. Vi sono, infatti, come noto, delle forme ostinate di insonnia, dovute a choc mentali o psichici, oppure a un forte stress fisico o mentale, per le quali occorre un notevole impiego di energia vitale.

Se si tratta di una persona estranea al nostro ambiente familiare, evidentemente ci sarà difficile essere presenti a casa sua ogni sera e all'ora di andare a letto, per cui la riceveremo nel nostro studio. In questo caso, faremo distendere il nostro soggetto in un posto tranquillo e scarsamente illuminato, porremo le mani ai lati della sua testa a distanza ravvicinata e resteremo per qualche minuto in questa posizione. Al contempo dirigeremo il nostro sguardo sul paziente, al centro delle sue sopracciglia, concentrandoci con la massima intensità sull'idea di sonno e di distensione.

Al termine della seduta, non dimentichiamo di sbarazzarci del magnetismo malsano; altrimenti potremmo assorbirne una parte e conseguentemente soffrire del male che abbiamo tolto al paziente. È una regola, questa, che vale per qualunque trattamento e per qualunque circostanza; non sono infrequenti i casi di operatori che, avendo trascurato di respingere la materia malata estratta, si sono ammalati seriamente o si sono esposti a sofferenze croniche. Il modo migliore per non restare impregnati delle vibrazioni nefaste è quello di scuotere con forza le mani verso il suolo, tenendole lontano dal corpo; oppure basta "gettare" la materia malsana in una bacinella d'acqua, avendo poi cura di vuotarla. Qualcuno suggerisce anche di indirizzare il magnetismo rimosso verso un certo tipo di animale o di vegetale in grado di utilizzarlo; a tale riguardo il racconto evangelico del gregge di porci potrebbe essere una descrizione allegorica di questo procedimento.

Il più delle volte, fin dalla prima seduta il soggetto riesce ad ottenere dei risultati, migliorando la sua situazione in misura progressiva attraverso i successivi trattamenti, fino alla guarigione completa. Il numero delle sedute dipenderà dalla natura del suo disturbo e dalle cause che lo hanno provocato.

Procedendo con l'esemplificazione, riteniamo opportuno prendere in esame un'altra malattia sociale, l'*affezione reumatica*, che, da quanto ci dicono le statistiche, colpisce una persona su cinque. Il nostro paziente, in questo caso, soffre di dolori più o meno cronici, la cui intensità si accentua in presenza di masse d'aria fredda e umida, o in occasione di una modificazione del campo elettrico atmosferico; a soffrire sono le spalle, le ginocchia, le caviglie, i gomiti, o altre parti del corpo. Per i dolori reumatici, la tecnica più efficace è quella dei "passi" magnetici e dell'imposizione delle mani sulla zona interessata. Nell'ipotesi che si tratti di un dolore alla spalla, teniamo le mani a due-tre centimetri dalla regione sofferente e concentriamo il nostro pensiero sul paziente; allorché avvertiamo di avere stabilito la "corrente" discendiamo lentamente lungo il braccio fino alla mano, uscendo per le dita. Indi, coi pugni chiusi, risaliamo verso la spalla, alla distanza di dieci centimetri dal braccio e badando a non toccarlo o solo sfiorarlo, per ridiscendere ancora, sempre con lentezza e con la solita dolcezza; e così via, fino al termine della seduta. A conclusione dell'intervento, facciamo ruotare le mani in senso orario alla base del collo, all'altezza delle vertebre cervicali e delle vertebre dorsali.

Insistiamo nel dire che non si deve mai magnetizzare verso l'alto, ma sempre verso il basso; così, se il dolore è alla gamba, si parte dall'alto della coscia e si esce per il ginocchio; se al ginocchio, si parte dalla gamba e si esce per il piede; se alla testa, si esce per le spalle. Non trascuriamo, alla fine di ogni "passo", di fregarci vigorosamente le mani per sbarazzarci delle cattive influenze "liberate" durante l'operazione.

Altro male fortemente diffuso, e anche in continua espansione, è il mal di testa, che la stragrande maggioranza cerca di combattere a colpi di analgesici, quasi sempre carichi di effetti collaterali. Se vogliamo far ricorso al magnetismo curativo, facciamo accomodare il soggetto su una sedia, in una stanza debolmente illuminata e silenziosa, a temperatura moderata; restando in piedi davanti a lui, imponiamo le mani sulla sede del dolore; la parte destra o la parte sinistra della testa, in caso di emicrania, l'intera fronte in caso di generica cefalea. Come per le altre situazioni, rimanendo immobili e in totale silenzio, concentriamo il nostro pensiero sulla scomparsa del male, per la durata di tre-quattro minuti; facciamo poi scivolare molto lentamente le mani lungo il corpo del paziente, indi risaliamo a pugni chiusi, sempre molto lentamente. Prendendo cura di fregarci le mani di volta in volta, ripetiamo il "passo" per cinque-sei volte.

Se al termine di questo primo intervento nessun senso di sollievo è avvertito dal paziente, facciamo dei "passi" non molto rapidi con entrambe le mani dalla testa alle ginocchia. Se il male persiste, poniamo la mano sinistra a dita divaricate al centro della fronte e muoviamo la mano destra in senso orario alla base della nuca. Al contempo concentriamo fortemente il nostro pensiero sull'idea di guarigione. In aggiunta al trattamento, è bene che il paziente si impegni quotidianamente in alcuni movimenti molto semplici da eseguire: girare la testa prima a destra, poi a sinistra; lasciarla cadere in avanti, poi indietro; inclinarla a destra, poi a sinistra. È una ginnastica che occupa pochissimo tempo e si rivela molto efficace.

Evidentemente, gli effetti della terapia magnetica dipendono soprattutto dalla durata dell'affezione. Così, in presenza di una bronchite, consolidata nel tempo, che si è aggravata per la negligenza di un soggetto che rifiuta di portare la maglia di lana, che fuma come una ciminiera o che lavora in un ambiente saturo di polvere, è di certo impossibile raggiungere la guarigione in una sola seduta. Spesso il paziente affetto da bronchite ricorre alle cure quando la malattia è in stato avanzato, ossia quando comincia a lamentarsi di forti dolori al petto e a tossire. Si consiglia ai principianti di non occuparsi dei casi gravi di bronchite, e di programmare gli interventi solo quando il paziente è allo stadio delle prime scariche di starnuto, dei primi pizzicori alla gola, della prima tracheite. In tal caso, facciamo allungare comodamente il soggetto sul dorso e imponiamo le mani ai lati del torace, un po' al di sopra dello sterno, concentrando il nostro pensiero sull'idea di guarigione. Dopo qualche minuto di imposizione delle mani, procediamo con la pratica dei "passi", che dovranno effettuarsi, come sempre, in maniera soffice e regolare; il movimento delle mani scivolerà lungo la cassa toracica dalle spalle verso la vita, soffermandoci sui punti indicati dal paziente come più fastidiosi. Mentre siamo impegnati in tale operazione, continuiamo a fissare lo sguardo sul petto del soggetto e a visualizzare mentalmente la guarigione che intendiamo perseguire. Al termine, non trascuriamo di sbarazzarci del magnetismo malsano, magari frizionando le mani con una saponetta immaginaria sotto un immaginario rubinetto.

Passando, sempre a titolo di esemplificazione, alla lombaggine, imponiamo le mani sulla parte del dorso in cui il dolore è più intenso e lasciamole immobili per due-tre minuti; pratichiamo quindi la proiezione digitale lungo le reni. Non è infrequente che alle prime proiezioni il paziente avverta un forte sollievo e dica apertamente di sentirsi meglio; anche in tal caso, tuttavia, proseguiamo con le nostre proiezioni fino alla completa scomparsa del dolore. Durante l'intera operazione rivolgiamo il nostro pensiero alla guarigione del soggetto e, al termine, non dimentichiamo di allontanare da noi le vibrazioni nefaste, scuotendo con forza le mani verso il basso. Sempre a livello di sistema osseo, un malessere piuttosto diffuso è la sciatica, che si manifesta con dolore intenso lungo la superficie posteriore della coscia e lungo la fascia posterolaterale della gamba. Se il nostro paziente, affetto da sciatalgia, è in grado di raggiungere il nostro studio, facciamolo stendere bocconi e imponiamo le mani sul coccige, utilizzando la tecnica della circonvoluzione palmare, che consiste fondamentalmente nel muovere a cerchio le mani in senso orario a qualche centimetro dalla zona interessata; ancora una volta risulta essenziale la concentrazione mentale in direzione della guarigione e della scomparsa del dolore. Al termine dell'operazione, liberiamoci dell'influenza malsana, "gettando" in una bacinella d'acqua la materia eterica estratta.

A conclusione della nostra esemplificazione, vogliamo occuparci dell'indigestione, di quella forma di malessere momentaneo che ci colpisce, allorché ci lasciamo prendere dall'ingordigia e dai peccati di gola. Fatto sistemare il paziente in una stanza abbastanza fresca, ben aerata e poco illuminata, raccomandiamogli di chiudere gli occhi, di non pensare a nulla e di riporre fiducia nella nostra capacità terapeutica. Dopo essere rimasti immobili per un momento davanti al soggetto, fissiamo lo sguardo sul suo plesso solare e imponiamo le mani al di sopra dello stomaco; al contempo concentriamo il pensiero sulla guarigione che intendiamo realizzare. La tecnica più adeguata è quella della proiezione digitale: dita riunite a corona che si muovono nel senso delle lancette dell'orologio a qualche centimetro dalla regione oggetto dell'intervento magnetico. L'operazione, della durata di quattro-cinque minuti, può sortire l'effetto immediato della ripresa delle funzioni intestinali. Nel caso di persistenza del malessere, dopo esserci concessi un po' di riposo, riprendiamo l'intervento, impegnando con forza la nostra mente sul buon funzionamento dello stomaco. Alla fine del trattamento, preoccupiamoci di respingere le cattive influenze, fregandoci le mani o scuotendole violentemente verso il basso.

LA SUGGESTIONE IPNOTICA

Si rivela spesso necessaria o semplicemente conveniente la possibilità di influenzare una persona durante il sonno. Un genitore che desideri guarire il suo bambino da una cattiva abitudine, un marito che voglia liberare la mente di sua moglie da un timore che la turba, un innamorato che voglia allontanare dall'animo dell'amata la passione della gelosia, potranno utilmente ricorrere alla *suggestione ipnotica*.

Diciamo subito che tale procedimento produce effetti di breve durata; sarà bene perciò ripetere l'operazione di tanto in tanto, se si vorranno conservare nel tempo i risultati conseguiti. Nonostante la precarietà del risultato, si avrà modo di rilevare che, specialmente nei confronti dei bambini, nessun rimedio risulta tanto valido quanto la suggestione durante il sonno.

Sul piano strettamente tecnico, il procedimento differisce poco dalla pratica magnetica allo stato di veglia. Ci avvicineremo delicatamente alla persona da suggestionare, mentre questa è immersa nel sonno naturale. Poi, usando la dovuta cautela al fine di non svegliarla, porremo la nostra mano fluidica vicino alla sua nuca e l'altra mano a qualche centimetro dal suo plesso solare. A questo punto, procederemo ad una profonda inspirazione con ritenzione del respiro e, al momento dell'espirazione, concentreremo il nostro pensiero soffermandoci a lungo sulla stessa idea. Se, ad esempio, stiamo operando su un bambino che abbia l'abitudine di succhiarsi le unghie, ci rappresenteremo nitidamente, restando a lungo su di essa, la frase "Tu non ti rosicchierai più le unghie". Teniamo a precisare che occorrerà prestare cura a rappresentarsi mentalmente tanto l'idea che si vuol comunicare quanto il bambino nell'atto di rosicchiarsi le unghie. Naturalmente sarà necessario che l'idea si fissi nella nostra mente in maniera stabile e con forza tale da poter raggiungere agevolmente il cervello del nostro soggetto.

Riteniamo utile sottolineare che, quanto alla capacità di rappresentarsi mentalmente un'idea, la psicologia moderna suddivide gli individui in quattro tipologie: tipo ottico, tipo acustico, tipo misto, tipo motorio.

Il tipo ottico è quello che non trova difficoltà a visualizzare un'idea, ossia a rappresentarsi "visivamente" un'idea. Il tipo acustico è l'individuo che riesce a rappresentarsi una formula solo se accompagnata da un suono, perlopiù ritmizzato. Il tipo misto si rappresenta un'idea sia contemplandola visivamente sia bisbigliandola ritmicamente. Il tipo motorio, peraltro molto raro, si rappresenta le parole in forma dinamica, come se le leggesse mentre si muovono su uno schermo.

Riprendendo l'esemplificazione sperimentale, sin dall'indomani si avrà modo di constatare che il bambino prova una certa ripugnanza a rosicchiarsi le unghie e, se a tratti ricade nella sua abitudine, ciò avviene piuttosto timidamente. In tal caso ripeteremo l'esperimento a partire dalla sera successiva e lo ripeteremo finché il successo non sarà completo.

Si potrà seguire lo stesso procedimento per guarire un soggetto affetto da alcolismo; avvertiamo però che in questa circostanza si incontreranno delle grosse difficoltà, per il fatto che l'alcolista è uno "squilibrato" dal punto di vista fluidico. Egli possiede di solito sovrabbondanza di fluido attrattivo che, non essendo ben concentrato, sfugge disordinatamente dal soggetto disperdendosi in un irradiamento diffuso. In contraccambio, lo sprigionamento di fluido positivo è quasi nullo; di qui lo squilibrio. La causa di questo fenomeno è dovuta all'azione dell'alcol, il quale, specialmente all'inizio, comporta una superattività fluidica.

Ognuno di noi sa per esperienza che talune persone, di temperamento calmo e tranquillo o addirittura timide, sotto l'effetto
di un bicchiere di vino o di un bicchierino di cognac, divengono
all'improvviso audaci e piene di iniziativa. Questa superattività,
per nulla naturale, non solo impoverisce fluidicamente l'individuo, ma provoca entro poco tempo lo squilibrio definitivo. La
stessa cosa si verifica, e in forma ancora più grave, per quanti entrano nel giro delle sostanze stupefacenti.

Nel caso dei dediti alle droghe, specialmente se si tratta di
droghe pesanti, è quanto mai difficile ottenere delle guarigioni
complete. Tuttavia, un potente "mago bianco" potrebbe riuscirci, a condizione che l'esperimento venga ripetuto tutte le volte
che si manifesti la tendenza a una nuova ricaduta.

Tornando alla esemplificazione dell'alcol, il genitore di un
ragazzo che dimostri una certa inclinazione all'alcol, se ha già
familiarizzato con la scienza del magnetismo, può fare ricorso
alla suggestione ipnotica negli stessi termini precedentemente indicati, visualizzando mentalmente la formula "L'alcol ha
un pessimo gusto... Oh quanto è brutto! Ho la lingua bruciata...". Già all'indomani il ragazzo, pur continuando a bere,
proverà ripugnanza per tutto ciò che è alcolico. Naturalmente
l'operazione dovrà essere ripetuta la sera stessa, poi l'indomani
sera e così nei giorni successivi, fino a che il soggetto non si
sarà definitivamente allontanato dalla sua perniciosa inclinazione. Sarà molto utile, durante l'esperimento, lasciare la finestra aperta ed è consigliabile operare a notte inoltrata, giacché
in quelle ore il fluido attrattivo (o lunare) è presente nell'etere in maggiore quantità. Qualora il ragazzo dovesse svegliarsi
durante l'operazione, sarà assolutamente necessario dissipare
i suoi timori, parlandogli dolcemente; il più delle volte, come
invaso da una profonda stanchezza, riprenderà immediatamente sonno.

Corre l'obbligo aggiungere che con lo stesso procedimento è
possibile calmare l'ansietà o liberare da eventuali paure.

L'operazione riesce novanta volte su cento, a condizione che
l'operatore, sufficientemente allenato, sappia disciplinare il suo

pensiero e sia in grado di proiettare adeguatamente il suo fluido. È bene sottolineare che la funzione del magnetizzatore può essere svolta con efficacia sia da uomini che da donne, con la sola precisazione che il magnetizzatore sia maggiore d'età rispetto al soggetto. Alle sedute di suggestione ipnotica si faranno seguire il riposo, un'alimentazione ricca di fosforo e qualche bagno di acqua fredda. Normalmente la suggestione ipnotica non richiede l'impiego di una grande quantità di fluido, purché lo si sappia utilizzare nel modo e nel momento più opportuno.

IL TRATTAMENTO MENTALE DELLE MALATTIE

I Maestri sostengono che l'intervento mentale a scopo terapeutico esige, da parte dell'operatore, un vivo sentimento di *compassione* tanto nei confronti del malato quanto nei confronti dei suoi familiari più vicini. L'esperienza testimonia di bambini gracili e malaticci che l'amore di madri psicologicamente solide ha progressivamente fortificato e irrobustito; o anche di moribondi e di corpi ormai inerti recuperati alla vita, grazie all'irradiazione magnetica attivata a distanza da individui singoli o in forza di un'azione mirata messa in essere da una *catena telepsichica*. Ciò che si può di certo affermare è che l'azione mentale in direzione di un organismo in difficoltà *trasfonde* energie di sostegno alla sua capacità di reazione curativa; ma, qualora vengano a mancare le risorse minime indispensabili per *reagire* favorevolmente, non vi è trasfusione che tenga, e l'operazione non ha alcuna possibilità di successo. Nei casi disperati resta comunque la possibilità di sostenere il morale, di attenuare le sofferenze, di prolungare in qualche misura la vita.

A intraprendere la cura mentale l'operatore ideale sarebbe un congiunto, un parente prossimo, un amico intimo, in totale sintonia con il malato e animato da un forte desiderio di recargli sollievo. E, qualora si affidi a una persona qualificata la direzione dell'intervento, parecchi altri, i più affettivamente legati al paziente, possono unire i loro sforzi all'impegno dell'operatore principale. I Maestri concordano sul fatto che una catena di volontà è in grado di compiere veri miracoli, soprattutto quando è formata in misura paritetica da uomini e donne, escluso il conduttore; in tal caso, il potenziale energetico risulta più elevato grazie al concorso equilibrato della proiezione magnetica bipolarizzata. L'occultismo, valicando i limiti del piano fisico, raccomanda di prolungare la catena verso l'invisibile *mondo astrale* e anche oltre, attraverso il coinvolgimento evocativo delle anime disincarnate che furono in vita care al malato, attirandone l'*influenza positiva*.

Sul piano metodologico, l'*officiante* e i suoi eventuali collaboratori sceglieranno un momento della giornata in cui possono *riunirsi*, se hanno deciso di *operare* in seduta comune, o in cui ciascun componente della catena, isolatamente, possa entrare in sintonia con gli altri, quale che sia il luogo di postazione. L'esperienza attesta che risultano particolarmente efficaci gli interventi di catene telepsichiche operanti in prossimità del soggetto destinatario.

Tra le suggestioni curative, agli inizi dell'operazione bisognerà privilegiare quella del sonno, giacché è proprio in tale stato che l'organismo gioca le sue migliori carte terapeutiche; non a caso il ruolo terapeutico del sonno aveva una grande importanza nell'antichità, quando la medicina si esercitava nei templi e il sacerdote, depositario di ogni sapere, vestiva i panni di medico e di guaritore. *Suggerire* al malato di dormire a lungo, serenamente, profondamente, rappresentarselo mentre riposa con aria placida e distesa, visualizzarlo mentre si risveglia con un'espressione di sollievo e di miglioramento generale delle sue condizioni, tutto ciò deve costituire la fase di avvio del *trattamento mentale*.

Successivamente, la *suggestione* riguarderà l'atteggiamento collaborativo del paziente, suscitando la convinzione che ci si sta occupando proficuamente di lui e la certezza che l'azione congiunta delle volontà concentrate per guarirlo dispone di una forza di gran lunga superiore a quella dispiegata dagli avversi agenti patogeni. Seguiranno quindi la rappresentazione minuziosa degli organi sofferenti e la concentrazione del pensiero sulla ripresa dei meccanismi compromessi, visualizzandone il movimento e la regolarità funzionale; infine la chiara immagine mentale della completa guarigione, della convalescenza, del ritorno alla normalità.

Per le malattie ormai cronicizzate, si dovrà invitare l'interessato ad attenersi scrupolosamente a tutte le regole di igiene fisica e comportamentale che il suo caso richiede; sarebbe infatti pressoché impossibile guarire un paziente che si lasciasse andare a eccessi alimentari o ad attività motorie fortemente usuranti, depauperandosi sul piano energetico e compromettendo le sue residue capacità reattive a qualunque operazione curativa a lui destinata.

Allo stato delle nostre conoscenze, la misura delle possibilità terapeutiche dell'influenza mentale non è definibile né delimitabile.

Ciò che si può evincere dalle numerose sperimentazioni e dalle molteplici testimonianze è che il trattamento mentale, condotto con serietà e rigore, ottiene una certa efficacia per qualunque caso e in qualunque situazione. Buoni risultati si hanno nel trattamento mentale delle nevrosi e delle psicosi non da lesioni, per le quali l'influenza telepsichica può restare l'unica cura radicale e definitiva, quando risultano poco o per niente efficaci le altre tecniche curative, comprese la psicoterapia e la stessa ipnoterapia. Tanto la psicoterapia quanto l'ipnosi possono provocare talvolta delle resistenze inconsce, in grado di annullare gli effetti delle migliori suggestioni verbali; l'intervento mentale invece, per il fatto di agire all'insaputa del soggetto, non risveglia alcuna reazione in seno al suo subconscio e per conseguenza non suscita alcuna forma di resistenza.

Per praticare con efficacia il trattamento telepsichico, non basta essere animati dalle buone intenzioni, dall'entusiasmo, né avere acquisito la capacità di intensa concentrazione come si conviene a un serio operatore di suggestione mentale; occorre anche possedere un adeguato bagaglio di conoscenze in materia di fisiologia e di patologia, per avere la possibilità di rappresentarsi con precisione le funzioni organiche del paziente.

La conferma di questa necessità la ritroviamo nel racconto

che Hector Durville fa in uno dei suoi libri più famosi, *Magnétisme personnel ou psichique*, di una sua esperienza di *autotrattamento* all'apparato renale, allorché pone un'attenzione meticolosa nella rappresentazione mentale dei singoli e più minuziosi aspetti del suo stato patologico. Un altro grande studioso di magnetismo umano, Pierre Oudinot, nel suo pregevole testo *La Médecine et les sciences secrètes*, invita a considerare non soltanto i dati diagnostici, ma anche la tipologia umorale del soggetto e la sua anamnesi. Egli, infatti, ritiene importante cogliere l'origine lontana, predisponente, della malattia, indagare sulle sue diverse manifestazioni in passato, valutare il grado di vigore reattivo del sistema di autodifesa del paziente; e ciò, al fine di rappresentarsi le diverse parti dell'organismo in sequenza coordinata e di penetrare con il pensiero nei più reconditi ingranaggi strutturali.

In mancanza di una cultura medica professionale, lo sperimentatore di telepsichìa curativa dovrà fornirsi di sufficienti nozioni di anatomia e di fisiologia, in modo da poter consultare utilmente un trattato particolareggiato di patologia umana e farsi un'idea quanto più precisa possibile della situazione del destinatario del trattamento mentale. La lucida visione mentale dei meccanismi interni aiuta l'operatore ad entrare in sintonia con il soggetto, a rendersi perfettamente conto di ciò che lo fa veramente soffrire, a farsi prendere dall'ardore volitivo di raggiungere il risultato. Tra i prerequisiti che decretano il successo dell'operazione telepsichica hanno un ruolo rilevante il livello di magnetismo personale e la cosiddetta "passione". A parità di conoscenze, un individuo dotato di un forte magnetismo conseguirà sempre e comunque ottimi risultati rispetto a chi di magnetismo non ne possiede abbastanza o ne possiede in misura appena sufficiente per le proprie esigenze. Sia che si tratti di un familiare del paziente o di una persona cara, dell'infermiere a domicilio o dell'operatore sanitario professionale, o anche dello stesso medico, una presenza magnetica contribuisce in misura considerevole all'efficacia delle cure e delle medicine, giacché essa, per se stessa, ha il potere di tranquillizzare, rassicurare, sollevare non soltanto il morale, ma l'intero essere del paziente, fino alle sorgenti più profonde della sua vitalità.

Quanto alla "passione", vi è stato qualcuno che, con un'immagine colorita, ha dipinto l'uomo senza passione come un motore senza carburante. E l'operatore magnetico, animato da passione, si caratterizza non soltanto per la sua ardente volontà di guarire, di sopprimere il dolore, di regolarizzare le funzioni organiche, ma anche per la perseveranza con cui insiste e persiste nell'azione terapeutica e per la tenacia nel portare a termine l'operazione, carico di fiducia e di ottimismo. Ma la voglia di riuscire e di conseguire il successo non può che coniugarsi con l'imperativo categorico di *conoscere* la macchina umana in maniera ampia e particolareggiata, nella consapevolezza che al vecchio adagio *volere è potere* sia bene aggiungere a *condizione di sapere*.

Al momento fissato per la seduta quotidiana, l'operatore si isolerà nel silenzio di una stanza, debolmente illuminata da una lampada azzurra. Dopo alcune respirazioni profonde, egli immaginerà di vedere il paziente come se fosse al suo capezzale; e, dopo averne osservato per dieci-quindici minuti l'aspetto esteriore, si sforzerà di rappresentarsi mentalmente l'interno. Cercherà, infatti, di evocare ciò che *attualmente* succede nell'organismo del soggetto, e successivamente ciò che dovrà *verificarsi* una volta tornato alla normalità; in altri termini, la rappresentazione *mentale* riguarderà dapprima lo stato patologico in atto, poi la piena ripresa delle funzioni organiche in condizioni di regolarità.

L'azione telepsichica risulterà efficace, se l'operatore riuscirà a rappresentarsi nitidamente i miglioramenti immediati che più si desiderano per il paziente, come l'attenuazione del dolore, la distensione, la calma, il sonno. È importante *vedere* il soggetto mentre dorme profondamente, con il viso rilassato, con la respirazione regolare, e *suggerirgli* una lunga notte di sonno ristoratore. Quale che sia la situazione patologica, l'immagine del sonno esercita un ruolo considerevole, ed è per questo che i Maestri consigliano di collocare la seduta di *emissione* preferibilmente la sera, nell'ora in cui si sa che il paziente chiede di dormire.

Seguirà la visualizzazione del paziente che si risveglia al mattino con la sensazione di un miglioramento generale delle proprie condizioni, di un'attenuazione dei disturbi, di un ripristino delle forze fisiche, piacevolmente attraversato da pensieri ottimistici, in particolare dall'idea chiara di una guarigione rapida e risolutiva.

Le immagini successive avranno per oggetto la scansione temporale della giornata del soggetto e saranno costantemente sostenute dalla certezza che egli migliora di ora in ora e che "sta risalendo la china".

La seduta si concluderà con la ripresa della rappresentazione iniziale, ossia con la *visualizzazione* dello stato oggettivo del paziente, al fine di agire sugli organi compromessi, stimolandone le funzioni e attivandone i meccanismi.

Sarebbe poco sensato rappresentarsi modificazioni o miglioramenti in rapidità incompatibile sia con la gravità del caso, sia con la genesi profonda e lontana della malattia. La telepsichìa non opera *miracoli*; il suo potere è quello di accelerare e intensificare la progressione e l'evoluzione delle modificazioni tissulari, funzionali e organiche, promuovendo il ripristino della normalità.

Come per ogni altra forma di intervento, anche l'azione curativa a distanza necessita di un *piano* minuziosamente predisposto, che permetta all'operatore di coordinare le sue emissioni secondo un filo conduttore, in modo tale che da un momento iniziale possa gradualmente e progressivamente giungere al traguardo finale.

Circa la disponibilità del paziente rispetto all'influenza telepsichica, possono ipotizzarsi fondamentalmente tre situazioni diverse: egli *sa* del trattamento a distanza e accoglie l'evento con fiducia e con ottimismo; egli sa del trattamento, ma è scettico e sfiduciato; egli *non* sa del trattamento e non lo immagina neanche.

Nella prima ipotesi, si può agevolare la ricettività del soggetto collocando davanti a lui una fotografia dell'operatore, con l'invito a concentrare il suo sguardo sull'immagine per tutta la durata della seduta; qualora nel corso dell'emissione dovesse addormentarsi, si avrebbe ugualmente un effetto positivo, giacché il sonno esercita di per sé un'azione ristoratrice ed energizzante.

Nella seconda, sarebbe vano cercare la fiducia del paziente. Del resto, che il soggetto abbia o non abbia fiducia nel successo dell'operazione sembra, dal punto di vista sperimentale, non rivestire molta importanza; e poi, qualunque tentativo per suscitarla provocherebbe quasi certamente un atteggiamento di resistenza e probabilmente di ostilità.

Nella terza ipotesi, operandosi all'insaputa del destinatario, l'azione a distanza si avvale paradossalmente di una ricettività spontanea, automatica; stando alla casistica, si sono ottenuti risultati incredibili non solo in presenza di patologie organiche e funzionali, ma anche e soprattutto in occasione di malattie psichiche e mentali.

LA CATENA TELEPSICHICA

I maestri convengono sul fatto che noi tutti inconsciamente entriamo in invisibile rapporto con quanti emettono pensieri, desideri, propositi, che siano complementari o analoghi ai nostri. Allorché un gruppo di individui persegue in perfetta armonia lo stesso obiettivo, è mosso dagli stessi ideali, è animato dagli stessi fini, esso forma una sorta di "batteria" mentale, la cui azione risulta tanto più potente, quanto più si esercita nel silenzio e nella segretezza, al riparo da interferenze esterne e da possibili oppositori. È la storia occulta delle società segrete, delle fratellanze iniziatiche, delle sette religiose e di tutte quelle comunità, i cui affiliati, legati tra loro dalla stessa fede, da uno stesso percorso evolutivo, dalla stessa dottrina, dalle stesse finalità, operano con la consegna del silenzio e della segretezza. Sul piano ordinario, una famiglia fortemente unita e ben gerarchizzata, contrassegnata dalla concordia organizzativa, dall'equa ripartizione dei doveri tra tutti suoi membri, da un comune obiettivo, dal riconoscimento di un'autorità superiore, può essere definita un modello rappresentativo di una catena telepsichica feconda, ricca e possente. Il pensiero corre immediatamente alla vecchia famiglia patriarcale di qualche decennio fa, nella quale tutti i membri, qualunque fosse la loro età anagrafica, riconoscevano nel patriarca il capo indiscusso, e nella quale ognuno svolgeva un compito ben preciso; l'armonia interna non era la condizione della sua forza, ma ne era la conseguenza. Il grande studioso americano Prentice Mulford, forse esagerando un po', scrive al riguardo: "La corrente emessa da una piccola cerchia di individui ben uniti e sempre d'accordo tra di loro è di un valore inestimabile e di una potenza notevole; essa richiama il pensiero e la forza degli spiriti saggi, forti e benefici, i quali, attratti verso il gruppo, sono pronti a venire in aiuto, non appena uno dei suoi membri ne manifesterà il desiderio".

Di certo, ognuno di noi aspira in cuor suo a vivere all'interno di un gruppo, in cui sia ipotizzabile portare avanti un'idea, realizzare un progetto, perseguire un sogno, in un'azione coordinata e concordata con tutti i membri che ne fanno parte. È esperienza comune, infatti, che la dispersione, l'inerzia, l'indolenza, l'abulia annichiliscono le risorse mentali anche negli individui che ne sono particolarmente dotati; è una legge inesorabile che non risparmia nessuno e in virtù della quale ingegni di valore sono andati e continuano ad andare in rovina. Nel linguaggio della vita ordinaria si parla delle *buone* e delle *cattive* compagnie, dando per scontato che il valore della nostra persona e il successo delle nostre azioni dipendono in gran parte dai *compagni* con cui viviamo, lavoriamo, sogniamo.

Al di là delle catene telepsichiche che spontaneamente si creano in ambito familiare o in ambito associativo di varia natura, catene di un certo rilievo possono spontaneamente costituirsi, all'insaputa degli stessi componenti, in occasione di assemblee religiose che si svolgono con cadenza periodica secondo un calendario prefissato e con programma preliminarmente noto. In questi casi, dati la nobiltà dello scopo e il carattere quasi esclusivamente spirituale dell'iniziativa, la catena consegue comunque buoni risultati, se non altro in termini di travaso reciproco di *immagini* positive e di vibrazioni benefiche. Si tratta ugualmente di catene telepsichiche spontanee quelle create anche, al nostro tempo, da preti e frati con presunte virtù taumaturgiche, come Fratel Cosimo in Calabria, allorché in ampie spianate all'aperto, vengono riunite centinaia di persone, tutte accomunate da entusiasmo spirituale e da intensi desideri di guarigione o di miglioramento delle proprie condizioni. In queste occasioni, il flusso di energia che si sprigiona dai presenti, se ben incanalato dal conduttore dell'assemblea, può produrre immediate guarigioni fisiche, suscitare sentimenti nobili ed elevati, provocare radicali trasformazioni di natura psichica e mentale; ma perché il fenomeno si verifichi occorre il concorso congiunto di molteplici fattori, tra i quali occupa un ruolo primario il particolare stato di *ricezione* raggiunto dal soggetto "miracolato" nel momento specifico dell'evento straordinario.

Andando oltre le pratiche empiriche e le improvvisazioni velleitarie, se si vuole *deliberatamente* costituire una catena d'influenza telepsichica, sono necessarie alcune condizioni imprescindibili. Innanzitutto, occorre che ciascuno dei componenti conosca le leggi dell'*influenza a distanza*, e che almeno tre di loro siano degli sperimentatori esercitati, che abbiano cioè alle spalle esperienze con risultati positivi. Altro fattore essenziale è che l'obiettivo a cui si mira sia tale da suscitare in tutti i partecipanti una medesima intensa aspirazione a raggiungerlo. Sono indispensabili inoltre una visione d'insieme comune e un piano operativo concepito e deciso con l'assenso di tutti; il piano d'azione, a sua volta, deve articolarsi in tappe, delle quali la seconda non può essere avviata se non dopo che sia stata superata la prima, e così via, fino al raggiungimento del traguardo finale.

Dato per scontato l'adempimento di tutte queste condizioni, prendiamo adesso in esame la modalità operativa, che si presenta fondamentalmente sotto tre aspetti. In virtù del primo, tutti i componenti della catena, riuniti in assemblea e dietro osservanza di un *religioso* silenzio, si impegneranno il più frequentemente possibile nella costruzione delle immagini mentali e nello sforzo di concentrazione secondo quanto richiesto dalla seduta in corso; l'ordine e l'oggetto delle sedute saranno definiti e precisati dai tre conduttori della catena. In forza del secondo aspetto, nei giorni in cui i partecipanti non si riuniscono, ciascuno di essi, nel medesimo istante precedentemente concordato e in conformità al programma previsto per quel giorno, dopo aver visualizzato mentalmente tutti i suoi *compagni*, compirà lo sforzo psichico a cui si è *moralmente* impegnato. Quanto al terzo aspetto, ogni componente della catena organizzerà quotidianamente la propria vita intellettuale e materiale in funzione dell'obiettivo prefissato, riguardo al quale i Maestri consigliano che esso sia sempre legittimo, che sia cioè rispettoso dei principi dell'etica e della rettitudine.

A livello di riflessione, riteniamo opportuno sottolineare che qualunque comunanza di interessi, quale che sia la loro natura, implica di per sé una catena telepsichica alla quale partecipano *inconsciamente* tutti gli *interessati*. Qualora uno dei componenti, fornito di conoscenze precise e di sicurezza sperimentale acquisita con la pratica, riesca ad esercitare su tutti gli altri un ascendente da "leader", il coordinamento degli sforzi si realizza molto più efficacemente e con notevoli vantaggi per tutti. Ciò che resta essenziale e irrinunciabile è che la prosperità del gruppo, il suo scopo, il suo sviluppo costituiscano le idee madri dell'attitudine mentale degli associati; a queste condizioni, la somma delle aspirazioni, che da aritmetica si trasforma automaticamente in *geometrica*, genera una sinergia estremamente *produttiva*. Al contrario, le divergenze relative alla conduzione della società producono di per sé una inevitabile riduzione del rendimento, giacché esse comportano per propria natura intrinseca dispersione di forza mentale in coloro che stanno alla guida, con ineluttabili ripercussioni di tipo inibitorio. In ugual modo, la forza energetica del gruppo subisce un'immancabile diversione allorché uno dei partecipanti si lascia trasportare dall'interesse personale, a scapito del perseguimento dell'obiettivo comune.

Per quanto in senso improprio, anche le comunità che operano in campo finanziario, industriale o commerciale potrebbero rientrare tra le catene telepsichiche, se non altro perché gestite da persone con compiti gerarchicamente definiti. Il loro successo o insuccesso è pertanto determinato dal verificarsi o meno di talune condizioni psichiche, così riassumibili in ordine d'importanza: una progettazione delle attività in armonia con l'interesse generale; un comportamento leale nei confronti della concorrenza; una gerarchia interna fondata su una valutazione intelligente delle competenze e delle qualità individuali. Nell'ortodossia della telepsichìa magnetica, le catene che possono interessare l'aspirante "mago bianco" sono certamente quelle che operano in campo terapeutico, e in questo campo occorre porre una certa attenzione alla catena famigliare, che è quella che può fare la differenza ai fini della guarigione. È a tutti noto come le persone che ruotano attorno ad un malato, siano essi famigliari, amici o conoscenti, esercitino su di lui un'influenza collettiva, la quale, nonostante le buone intenzioni, non sempre risulta armoniosa ed equilibrata, giacché l'unanimità dell'affetto non sempre si accompagna a quella del pensiero, dell'atteggiamento e del comportamento. Parlando di "psichismo", si deve intendere al tempo stesso tanto la disposizione affettiva quanto l'attività puramente intellettiva, giacché l'una e l'altra sono aspetti complementari, inseparabili di un'unica dimensione. Supponendo che un malato, all'interno di una famiglia molto unita, sia circondato dall'affetto, dalle premure, dalle attenzioni di tutti i suoi componenti, possiamo tranquillamente affermare che egli vive una situazione favorevole, nella quale è venuta a crearsi una catena affettiva in grado di esercitare un'influenza propizia alla sua vitalità e al suo morale.

Sul piano strettamente operativo, in presenza di malattie acute, si tratta in primo luogo di trasfondere nell'organismo del paziente un potenziale energetico finalizzato a sostenere le sue reazioni di autodifesa; la seconda tappa mirerà ad attenuare lo stato di sofferenza; nella terza, infine, si porrà un'attenzione speciale al sonno, sulla base dell'esperienza ormai collaudata che dormire tutte le notti, profondamente e a lungo, contribuisce in misura notevole ad ogni tipo di guarigione. In sintesi, il programma terapeutico dovrà prevedere in successione la trasfusione energetica, l'alleviamento della sofferenza, l'induzione del sonno.

Anche nelle malattie croniche occupa il primo posto l'attivazione della vitalità, in aggiunta alla quale non può e non deve mancare l'osservanza rigorosa, per *suggestione* mirata, di tutte le prescrizioni igieniche conformi allo specifico stato patologico. L'effetto congiunto di queste due condizioni porta a un miglioramento considerevole della situazione generale, giacché vitalità e igiene favoriscono quelle modificazioni tissulari funzionali e organiche che ciascun partecipante della catena si sarà rappresentato con chiarezza e con la necessaria intensità, in perfetta sintonia con tutti gli altri.

Al fine di evitare facili illusioni, teniamo a precisare che il "miracolo" immediato o anche il miglioramento repentino sono eventi del tutto eccezionali; in via ordinaria, per conseguire guarigioni radicali e permanenti, l'azione telepsichica necessita di tempo e di perseveranza. Tuttavia, un fatto è certo, che il *telepsichismo* di gruppo si è spesso rivelato efficace laddove tutte le altre terapie avevano fallito, e che non esistono casi per i quali non siano raggiungibili risultati apprezzabili. Esperienze e testimonianze provenienti da più parti dimostrano a sufficienza che la catena telepsichica può essere impiegata utilmente nel trattamento terapeutico di comportamenti devianti o anomali, e di particolari affezioni di natura psicopatica, caratterizzate da una grave perturbazione della sfera morale. Si ottengono risultati pressoché immediati quando si tratta di influenzare un soggetto normale che si trovi momentaneamente traviato da una incontrollabile furia passionale, o che viva un particolare stato di scombussolamento per gli effetti di una condotta sregolata e licenziosa, o che sia più generalmente in una condizione di fiacchezza e di prostrazione. In questi casi, il piano d'intervento consisterà fondamentalmente nel suggerire regole di vita e disposizioni morali che abbiano il potere di suscitare nella persona trattata il cambiamento di condotta desiderato. La nuova attitudine si affaccerà alla sua mente in modo spontaneo, naturale, trovando immediata espressione in una sorta di disaffezione verso le nefaste abitudini contratte, nell'avversione per le conseguenze degli errori commessi, nel rimpianto di quanto è stato perduto, nella ripresa entusiastica delle proprie aspettative e aspirazioni. Evidentemente, come per tutti gli interventi di comunicazione a distanza, un piano metodico, articolato in tappe e dettagliatamente predisposto seduta per seduta, deve essere concepito di comune accordo da tutti i componenti della catena terapeutica, dal momento che solo la totale concordanza delle loro rappresentazioni mentali ne assicura e ne garantisce la necessaria sinergia.

A sostegno della bontà del trattamento telepsichico, riteniamo utile sottolineare che la *suggestione mentale* possiede rispetto alla *suggestione verbale* il pregio di non suscitare reazioni di ostilità o di risentimento. Sul piano pratico, infatti, è possibile confutare e rintuzzare anche il ragionamento più assennato, come si può resistere agli ammonimenti meglio motivati e meglio espressi. Le ammonizioni esortative, d'altro canto, sono di per sé suscettibili di risvegliare, quasi sempre e in modo automatico, un sordo, risentito, sotterraneo rifiuto.

Occuparsi dei meccanismi che presiedono all'influenza attivata dalla catena telepsichica, quale che sia la direzione o la finalità, obbliga lo studioso a prendere in esame la genesi inevitabile della *controcatena*. Come sul piano fisico ad ogni azione corrisponde una reazione uguale e contraria, per via di una legge inesorabile che governa il mondo della materia, lo stesso vale per il vasto e *incommensurabile* mondo dello *psichismo*, nel quale le energie si muovono sulle ali dei sentimenti e delle vibrazioni mentali. Infatti, per effetto della stessa legge, il dinamismo irradiante messo in atto da una *catena* d'influenza psichica, per quanto abilmente congegnato e accortamente pilotato, determina *inevitabilmente* la formazione di una catena antagonista, di una controcatena, specialmente quando i risultati a cui mirano i suoi promotori implicano il disconoscimento e il disprezzo dei diritti altrui, in particolare dei diritti che attengono al poliedrico mondo delle libertà personali. È ovvio che il meccanismo non può riguardare le catene terapeutiche, le cui finalità non solo vengono perseguite nel rispetto massimo della persona, ma anche con quello spirito di donazione di sé, che appartiene alle categorie dell'amore e della compassione; può invece riguardare le catene di interessi, allorché vengono violate le regole minime della condotta etica, e ancor più le catene di natura politica, se e quando l'ideologia che viene affermata è avvertita da una parte della società in termini di attentato al libero pensiero e di compressione della dignità personale.

A quest'ultimo riguardo, una particolare considerazione va fatta per i sistemi politici che si trasformano in regimi e per tutte le forme di potere che nel tempo si traducono in dittature. Il dispotismo e l'arbitrio, infatti, producono l'immediato effetto di galvanizzare le energie mentali degli spiriti più lucidi e più forti, i quali, prima degli altri, avvertono il peso della defraudazione; in breve tempo, gli echi della loro rivolta interiore si trasmettono a molti altri, creando un'invisibile, impalpabile *controcatena*, con un numero di *partecipanti* sempre più crescente e con una capacità emissiva sempre più possente. La situazione precipita quando ad essere intaccata è la delicata sfera delle libertà personali o viene pregiudicata la vasta gamma delle attività intellettuali.

Vi è stato un momento, nel XX secolo, in cui all'interno di un ricco e popoloso paese europeo si è costituito, dietro la propulsione di alcune *volontà* fortemente determinate, un centro d'influenza telepsichica di enorme portata, senza precedenti nella storia dell'umanità. Gli organizzatori di questa centrale energetica sono riusciti in breve tempo a ridurre in stato di servitù psicologica e mentale milioni di individui, suscettibili di manipolazione e di strumentalizzazione per qualunque fine e in qualunque direzione. Dalle numerose analisi e dalle approfondite ricerche compiute di recente da occultisti ed esoteristi di varia nazionalità emerge ormai la certezza che l'ideatore o gli ideatori di quella catena, probabilmente a livello intuitivo, ma comunque con estrema precisione, hanno operato in perfetta conformità con le leggi che regolano la fenomenologia interpsichica. La propulsione centrifuga, irradiata dal vertice alla base verso la massa di passivi attraverso una serie di *catene* intermedie sapientemente gerarchizzate, faceva ritorno al punto di partenza, alla centrale *emissiva*, moltiplicandone incommensurabilmente la potenza. Ma questa formidabile catena, creata come strumento di asservimento e di dispotismo ideologico, nonostante avesse conseguito risultati straordinari di fanatismo collettivo, portava in sé fin dalle origini il germe del suo fatale annientamento. Dalla rivolta silenziosa di alcuni, nel giro di pochi anni si è snodata una *controcatena* che ha aggregato progressivamente ingenti masse di uomini liberi, fino a coinvolgere, facendoli vibrare all'unisono, interi continenti.

Gli effetti dirompenti della controcatena trovarono la loro fisiologica espressione nella progrediente alterazione della lucidità mentale dei principali detentori del potere centrale; a partire da un certo momento, le loro vibrazioni e le loro decisioni cominciarono a perdere di realismo, per giungere, nel finale, con il senso del reale completamente ottenebrato, totalmente sganciato dall'evidenza più palese. Pur con danni ingenti in termini di beni materiali e di vite umane, la controcatena, alimentata e ravvivata da uno straordinario potenziale energetico messo in moto perlopiù a livello inconscio e in forma sotterranea, evitò la catastrofe di dimensione planetaria.

Nello stesso periodo, anche in altri paesi, non solo europei, vennero attivate catene telepsichiche di potere politico, caratterizzate anch'esse dall'arbitrio e dal dispotismo totalitario, ma anche contro questi regimi entrarono ben presto in azione movimenti *emissivi* di notevoli proporzioni, che furono capaci di disgregare e distruggere in tempo utile lo staff dirigenziale.

Negli anni a noi vicini si sono visti crollare, a scadenza più o meno lunga, regimi in apparenza solidi e ben concepiti; si sono visti frantumare vasti imperi e sistemi politici che sembravano imperituri. Nella gran parte dei casi, il crollo si è verificato in forma incruenta e sotto il predominio della ragionevolezza e del senso di responsabilità.

Molto probabilmente, grazie alla diffusione della cultura e all'azione educativa esercitata dalla comunicazione radiofonica e televisiva, si è affinata e potenziata la *capacità emissiva* degli individui, e insieme ad essa si è sviluppata e si è ampliata la possibilità d'impiego dell'*influenza telepsichica*, la cui azione si muove secondo linee di forza e ondulazioni vibratorie meglio sintonizzate sul piano astrale e su quello mentale. Oggi, specialmente nel mondo occidentale, qualunque disegno o progetto politico che si ponga come obiettivo l'esercizio del potere in spregio delle libertà civili e mediante la limitazione, occulta o manifesta, della libera circolazione delle idee, dovrà fare i conti con una spontanea *controcatena* fisiologicamente alimentata dalla maggiore consapevolezza critica, e da un senso di sé e della propria dignità più lucidamente avvertito, sia a livello individuale che a livello di gruppo. E questo, nonostante il possibile dispiegamento, da parte di sovranisti improvvisati, delle più raffinate tecnologie sapientemente attivate a fini suggestivi, anche in forma subliminale; nel nostro tempo, per un meccanismo perlopiù inconscio, è diffusa, anche negli strati popolari culturalmente poco provveduti, la consapevolezza della libertà personale, a prescindere dalle garanzie giuridiche delle carte costituzionali. Ciò significa che, a differenza del passato, qualunque disegno politico liberticida è destinato al fallimento.

Capitolo V

MAGIA BIANCA E GUARIGIONI PSICHICHE

Allorché sul piano storico abbiamo accennato ai "miracoli" operati da Gesù e dopo di Lui dagli apostoli, abbiamo detto che perlopiù si trattava di guarigioni psichiche, dovute, unitamente all'azione magnetica del guaritore, all'intervento primario delle forze curative dell'anima umana, rappresentate dal pensiero, dalla fede, dalla preghiera. Occupandoci di questo particolare fenomeno, avremo modo di penetrare nei meccanismi reconditi che si mettono in moto nel corso di cerimonie sacre o durante i pellegrinaggi religiosi nelle diverse località oggetto di devozione e venerazione, quando si verificano per incanto talune modificazioni fisiche e psichiche che fanno gridare al "miracolo" e all'intervento gratuito del soprannaturale. Assumendo l'impegno di entrare quanto più possibile nei particolari quando sottoporremo ad analisi le potenti forze attivate dall'individuo umano in determinate circostanze, ci permettiamo di affermare, in via *preliminare*, che anche le guarigioni dette "miracolose" trovano posto tra i fenomeni *naturali*, in quanto determinate dall'azione terapeutica messa in moto da un flusso *energetico*, sia di matrice autogena che di provenienza esogena.

I Maestri, quale che sia la scuola di appartenenza, sostengono che un santuario, un simulacro, una reliquia, un oggetto sacro qualsiasi divengono nel tempo dei potenti centri magnetici, le cui vibrazioni, se captate in determinate condizioni e in uno stato di armonica predisposizione, possono produrre immediate guarigioni fisiche, suscitare sentimenti nobili ed elevati, provocare radicali trasformazioni di natura psichica e mentale. Se poi, all'azione salutare prodotta dal magnetismo benefico dei luoghi sacri, aggiungiamo quella provocata dalle vibrazioni magnetiche emesse dalle migliaia di devoti presenti negli assembramenti religiosi che si svolgono in occasione di processioni o di manifestazioni liturgiche, non è difficile ammettere che a Fatima, a Lourdes, a San Giovanni Rotondo o in qualunque altro celebre luogo sacro, delle persone affette da malattie anche gravi possano guarire completamente e recuperare la loro piena integrità fisica e psichica. Ma perché il fenomeno si produca non basta presenziare alla cerimonia o al pellegrinaggio, perché occorre il concorso congiunto di molteplici fattori, tra i quali occupa un posto primario il particolare stato di ricezione raggiunto dal soggetto nel momento specifico dell'evento straordinario; è un tratto, questo, che ci dà la spiegazione del numero circoscritto di effettive guarigioni rispetto alla platea, a volte sterminata, di presenze speranzose.

Quanto ai luoghi e agli oggetti sacri e alle loro potenzialità magnetiche, ad occuparsene è stata quella scienza parallela che fa capo all'occultismo e all'esoterismo, mentre è rimasta pressoché indifferente la scienza ufficiale, per quanto negli ultimi tempi qualche interesse è dimostrato dalla fisica quantistica. Il presupposto da cui la scienza occulta muove è che il ferro, il legno, la pietra, oltre a possedere le loro rispettive radiazioni, sono capaci di assorbire il magnetismo umano ed i emetterlo a loro volta. A questa particolarità è da aggiungere che la scelta del luogo di molti edifici religiosi è stata (ed è ancora ai nostri giorni) generalmente motivata dalla devozione verso qualche santo, la cui commemorazione induce ad erigere una chiesa o un santuario nell'area geografica dove egli è nato o è morto, o dove si è verificato qualche evento importante della sua vita; ma anche, come sta avvenendo in tempi a noi vicini, dalle apparizioni della Madonna. Nel corso del tempo, grazie alla frequentazione dei devoti e all'emissione delle loro vibrazioni magnetiche, quasi sempre di livello alto sul piano della spiritualità, templi, chiese, cattedrali, santuari, sparsi in ogni dove, si sono caricati di energia positiva, divenendo meta di pellegrinaggi o di visite mirate. Un santuario, una chiesa, o un luogo di culto qualunque, può divenire celebre anche perché ospita la reliquia di un santo o di un beato, che può essere una parte del suo corpo fisico o del suo vestiario, ma anche un oggetto qualunque che sia stato a contatto del personaggio oggetto di venerazione. Per l'occultismo, la reliquia, di per sé carica di magnetismo personale, accresce la sua forza nel tempo per le vibrazioni su di essa riversate dalla fede e dalla devozione delle numerose persone che visitano il santuario. Qualunque sia il magnetismo originario legato al santo o alla reliquia, allorché un luogo di culto inizia ad essere frequentato, scatta il meccanismo della carica magnetica attivata dai sentimenti di devozione dei pellegrini, con la conseguenza che l'influenza di questi luoghi sacri non solo non decresce con l'andar del tempo, ma si rafforza. L'influenza svanisce quando il santuario è abbandonato o non più frequentato; è quanto sta accadendo in Italia al santuario di Loreto e a qualche altro santuario non più di moda.

Tra le forze curative suscettibili di essere attivate dall'individuo umano, il *pensiero* occupa di certo un posto privilegiato. Per la scienza del magnetismo, un qualunque pensiero che passa per la nostra mente fa vibrare la nostra materia astrale, e le sue vibrazioni si diffondono per ondulazioni attorno a noi, alla stessa stregua dei movimenti ondulatori che si possono osservare in uno stagno allorché vi si lancia dentro un sasso. Se il pensiero è debole, tutto rientra in ordine entro pochi istanti; ma se il pensiero si impone alla nostra attenzione, se è intenso, se si presenta con insistenza nel campo della coscienza, esso mette in movimento una certa quantità di forza mentale, la quale attira a sé altra materia astrale che finisce per avvolgerci, formando la cosiddetta "aura". Questa (l'aura), benché nostra emanazione, agisce su di noi come una forza estranea, richiamando pensieri della stessa natura, che sembravano essersi dileguati, e aumentando di intensità i pensieri già in azione. I pensieri, tuttavia, non sono prodotti da noi; essi ci sono comunicati, ci arrivano dal di fuori, e noi li assorbiamo e li trasformiamo secondo i nostri desideri, i nostri bisogni, le nostre tendenze. Solo pochissimi producono i loro pensieri, e sono i più forti, i più evoluti. Tutti gli altri ricevono i pensieri dall'esterno e, dopo averli assorbiti, li rimettono in circolo allo stesso modo in cui li hanno accolti; e, dopo averli trasformati, li rimandano nell'etere, "timbrati" dal sigillo della loro personalità. Stando così le cose, i veri pensatori, coloro che generano i loro pensieri, o quantomeno un certo numero di pensieri nuovi e originali, sono necessariamente molto rari.

Quale che sia la sua origine, allorché un pensiero agita in maniera durevole il nostro cervello, esso si fortifica e si sviluppa a contatto con gli altri nostri pensieri, e tutti insieme si muovono, influiscono gli uni sugli altri, si aggregano, si combinano e si spandono attorno a noi, attirando dal di fuori pensieri della stessa natura e respingendo quelli di natura opposta. Come sostiene Atkinson nel suo saggio "La Forza-Pensiero", il pensiero gioca nella vita dell'uomo un ruolo decisivo, giacché esso rappresenta il filo che collega l'individuo umano ai suoi simili e lungo il quale si raccolgono, per mescolarsi e fondersi in un'unica corrente, tutte le energie provenienti dall'ambiente.

I Maestri sottolineano che non solo il pensiero, ma anche lo stesso modo d'essere attira dallo spazio circostante le formepensiero e gli atteggiamenti mentali analoghi degli individui che frequentano il medesimo ambiente. Tale comunicazione avviene, in genere, senza che se ne abbia coscienza; così, in preda ad una profonda malinconia, se entriamo in un ambiente in cui si respira gioia e allegrezza, ben presto veniamo contagiati e diveniamo anche noi allegri, mentre analogamente si verifica il contrario in circostanze opposte. A questo riguardo si può far entrare in gioco il potere della suggestione e dell'autosuggestione; ma, mentre l'esercizio della suggestione, verbale o mentale che sia, può sul piano razionale ingenerare diffidenza e sospetto, la pratica dell'autosuggestione, se condotta per libera scelta e per scopi ben precisi, può costituire sicuramente una risorsa, idonea a orientare il nostro mentale in una certa direzione piuttosto che in un'altra. Se esercitata sotto l'impulso di un forte desiderio e di una volontà ferma e indomita, essa (l'autosuggestione) si eleva ad un livello di coscienza superiore, divenendo una facoltà superiore dell'Anima, capace di produrre qualunque risultato.

La casistica è ricca di fatti di guarigione o di malattia dovuti all'azione *creatrice* del *Pensiero*, registrando situazioni in cui una stessa persona è passata da uno stato di *provocata* depressione ad uno stato di vera e propria *resurrezione* fisica e psichica, grazie alla semplice *inversione* di tendenza delle proprie vibrazioni mentali. Pensando costantemente alla salute e scacciando accuratamente qualunque idea di malattia, si allontana ogni causa di squilibrio e, in un tempo proporzionale alla costanza e all'intensità dell'impegno mentale, si guarisce dalle malattie più diverse, qualunque sia stato il fattore scatenante. L'elemento più importante è costituito dall'*orientamento* del pensiero verso l'idea di guarigione; si tratta di sostituire all'idea di malattia l'idea della guarigione. Invece che vedersi costantemente malati, tristi, malinconici, invece che passare in rassegna le proprie sofferenze fisiche e morali, analizzandole minuziosamente e compiacendosi di esasperarle, immaginiamoci in un futuro più o meno prossimo in buona salute, robusti nel corpo, ben equilibrati nella mente, e prefiguriamoci i benefici che potranno derivare dalla diversa situazione, la soddisfazione e la felicità che ne potranno derivare non solo per noi, ma anche per i nostri cari.

Allorché avremo deciso di cambiare registro, di dare un diverso orientamento al nostro *pensiero*, per più volte al giorno, soprattutto alla sera, nel nostro letto, prima di addormentarci, e durante la notte nei momenti di eventuale insonnia, facciamo il *vuoto* nella nostra mente, distendiamo i muscoli, e in tale stato di *quiete* apparente parliamo alle nostre cellule, ai nostri organi, all'intero organismo, infondendo la calma o l'eccitazione a seconda dei bisogni; parliamo ai nostri organi come se parlassimo a un familiare che stia davanti a noi ad ascoltarci. Per la scienza del magnetismo, un *autotrattamento* siffatto si inquadra a pieno titolo nell'ampia gamma degli interventi magnetici, e l'eventuale guarigione conseguita può a giusta ragione definirsi "guarigione magnetica". Si tratta, infatti, di guarigione *psichica*, raggiunta per autoinduzione attraverso l'impiego consapevole del potere formidabile del nostro *Pensiero*.

Tra le forze curative dell'Anima, la *Fede* è quella più radicata nell'immaginario collettivo, giacché si attribuisce ad essa, spesso a livello inconscio, un potere pressoché illimitato. In generale, ci si appella alla fede sul piano religioso, nella convinzione che da qualche parte e in qualunque momento possa entrare in azione un flusso energetico idoneo a orientare gli eventi dell'esistenza nella direzione da noi auspicata, provocando modificazioni fisiche e psichiche insospettate e insospettabili.

Per lo studioso Victor Morgan, autore di un pregevole lavoro dal titolo *La Voie du chevalier*, la Fede è un'emozione di qualità superiore, che produce, per propria forza, dei risultati positivi, quali possono essere le meravigliose guarigioni che si verificano nel corso di cerimonie sacre o di pellegrinaggi religiosi, nelle località più disparate, sedi di celebri santuari o di venerate tombe di santi. È un'emozione, sottolinea lo studioso, che accresce, risveglia ed esalta tutte le nostre energie fisiche e mentali.

Per il credente convinto, quale che sia la dottrina religiosa di appartenenza, la Fede è il sentimento più nobile che guida le grandi anime verso l'evoluzione spirituale, costituendone un centro di forza e una leva potente per il compimento di opere di livello alto o fuori dall'ordinario. Secondo la definizione data dal Concilio Vaticano I sotto il pontificato di Pio IX, la Fede è la virtù teologale del cristiano per la quale, "con l'aiuto della grazia di Dio, egli crede esser vere le cose da Dio rivelate, non a causa della verità intrinseca delle cose stesse esaminate alla luce della ragione naturale, ma per l'autorità del Dio rivelante che non può ingannarsi né ingannare".

Il Gesù dei Vangeli raccomanda la *fede* ai suoi discepoli e considera tale sentimento il fattore primario dei miracoli da Lui prodotti.

Sfogliando il Vangelo di Marco, al cap. 5 leggiamo: "Essendo passato di nuovo Gesù all'altra riva, gli si radunò attorno molta folla, ed egli stava lungo il mare... Or una donna, che da dodici anni era affetta da emorragia e aveva molto sofferto per opera di molti medici, spendendo tutti i suoi averi senza nessun vantaggio, anzi peggiorando, udito parlare di Gesù, venne tra la folla, alle sue spalle, e gli toccò il mantello. E all'istante si fermò il flusso di sangue, e sentì nel suo corpo che era stata guarita da quel male. Ma subito Gesù, avvertita la potenza che era uscita da lui, si voltò alla folla dicendo: Chi mi ha toccato il mantello? I discepoli gli dissero: Tu vedi la folla che ti stringe attorno e dici: Chi mi ha toccato? Egli intanto guardava intorno, per vedere colei che aveva fatto questo. E la donna, impaurita e tremante, sapendo ciò che le era accaduto, venne, gli si gettò davanti e gli disse tutta la verità. Gesù rispose: Figlia, la tua fede ti ha salvato. Va in pace e sii guarita dal tuo male".

La scienza positiva, in ogni tempo, ha dovuto esprimersi di fronte alle straordinarie guarigioni prodottesi nelle diverse località meta di pellegrinaggi, e anche luminari della medicina ufficiale hanno dovuto arrendersi e riconoscere la potenza terapeutica della Fede. Alla fine dell'Ottocento, il celebre medico francese Jean Martin Charcot, noto al grande pubblico per i suoi lavori sulle malattie nervose, così scrisse sulla forza curativa della fede: "La fede che guarisce mi sembra l'ideale da raggiungere, giacché essa opera, sovente, quando tutti gli altri rimedi hanno fallito". E ancora: "La fede che guarisce e il 'miracolo' che ne è il risultato non si sottraggono all'ordine naturale delle cose. Il dominio della fede che guarisce è circoscritto alle malattie, la cui guarigione non esige altro intervento che questa azione della mente sul corpo". E Max Muller, uno dei più impegnati studiosi di guarigioni *miracolose*, certamente esagerando, si dichiara convinto che, malgrado gli ostacoli apparenti che ci separano da Dio, è sufficiente indirizzare all'Ente Supremo un conveniente appello perché la malattia, che altro non è se non squilibrio e disarmonia, sparisca in maniera del tutto naturale, così "come sparisce l'ombra da una stanza, allorché vi lasciamo entrare la luce alzando le persiane".

Nel rapporto con la divinità, il Pensiero gioca un ruolo determinante. Per attivare le nostre facoltà superiori, non abbiamo che da *pensare*, e i risultati che otterremo saranno proporzionali all'intensità della nostra *Fede* e alla solidità della nostra concentrazione. Se il nostro Pensiero sarà molto attivo, otterremo sicuramente il "miracolo" della guarigione; se la sua forza sarà insufficiente, conseguiremo soltanto un miglioramento, che tuttavia, perseverando nella Fede, progredirà nel tempo, fino ad arrivare, in un futuro più o meno prossimo, alla guarigione completa.

In tempi a noi vicini, alcuni fenomeni di guarigione magnetica, legati alla forza della fede, hanno visto come protagonista *Padre Pio*, divenuto celebre in tutto il mondo mentre è stato in vita per tutta una serie di prodigi, di cui la devozione popolare lo ha ritenuto diretto o indiretto autore. La sua fama di intercessore di grazie nella produzione di guarigioni "miracolose" non solo non è cessata dopo la sua morte, ma si è ingigantita a tal punto da fargli meritare di recente l'assunzione ufficiale tra i santi della Chiesa Cattolica.

Tra i tanti episodi di guarigione dovuti all'intervento di Padre Pio risulta senz'altro stupefacente un "miracolo" raccontato da Padre Michelangelo di Scandiano, che per molti anni fu vicino al frate di Pietrelcina nel convento di San Giovanni Rotondo, divenendone il testimone più attendibile e più prezioso. Una donna, di nome Gemma De Giorgi, nativa di Ribera in provincia di Agrigento, era nata cieca e con un singolare difetto anatomico: era priva delle pupille. Tutti gli specialisti che l'avevano visitata erano stati concordi nel dire che non si poteva fare nulla e che bisognava rassegnarsi. Gemma aveva sette anni quando sua nonna, sentendo parlare di un frate nel Gargano che faceva miracoli, decise di andare a San Giovanni Rotondo e promise alla nipotina che là, nella chiesa del convento francescano, avrebbe ricevuto la prima comunione dalle mani di un *santo*. Gemma, colta dall'entusiasmo, si mostrò ansiosa di incontrarlo e, dal treno che la portava in Puglia, descriveva felice l'erba, le foglie degli alberi, le acque del mare. La nonna credeva che le descrizioni della bambina fossero frutto dell'emozione e soprattutto della sua immaginazione. Invece Gemma cominciava già a vedere.

All'indomani del loro arrivo a San Giovanni Rotondo, Gemma andò a confessarsi e Padre Pio la benedisse, facendole un segno di croce sugli occhi. Non appena la vide, sua nonna le domandò se gli aveva chiesto la grazia e la rimproverò per non averlo fatto; ma fu rimproverata a sua volta da Padre Pio che le disse: "La tua fede è fragile. Se non fosse così, ti saresti accorta che Gemma ci vede, e continuerà a vedere per sempre anche se non ha le pupille".

Da quell'evento ormai è passato molto tempo, e la bambina di allora, divenuta adulta, fu assunta come centralinista all'Ospedale di Ribera. Non ha avuto più problemi con la vista, e la sua esistenza si è svolta serenamente. Ma nessun oculista ha sottoscritto il "miracolo", e Gemma, per il governo italiano, è rimasta "non vedente", con diritto alla pensione e agli altri trattamenti previsti dalle leggi.

Se nella spiegazione dei "miracoli" di Gesù, ma anche di Padre Pio, la *fede* gioca un ruolo di primaria importanza, in altre situazioni è la *preghiera* che attiva il meccanismo del fenomeno. In via ordinaria, è un fatto che i veri credenti, qualunque sia la dottrina professata, considerano la preghiera la manifestazione più consapevole della vita religiosa, come l'atto più avvertito con il quale ci si rivolge alla divinità per chiedere, ringraziare, glorificare. I devoti più ferventi sono convinti che questa intima espressione del comportamento umano metta in moto delle forze reali di livello alto, in grado di produrre eventi straordinari, convenzionalmente definiti "miracoli".

Anche in ambienti laici si conviene che la preghiera, sia a livello individuale che collettivo, mette in moto le nostre energie mentali alla stessa stregua del Pensiero e della Fede, e, se fervente e prolungata, essa può generare modificazioni fisiche e psichiche di livello alto.

Sant'Agostino, uno dei più grandi filosofi del Cristianesimo (vissuto tra il IV e il V secolo), in un suo scritto racconta di un uomo affetto da un tumore, la cui gravità imponeva l'asportazione per via chirurgica; in assenza di anestesia, l'intervento avrebbe provocato all'interessato le pene dell'inferno. Allorché i medici decisero di procedere all'operazione, l'uomo pregò tutta la notte con tale fervore che "Dio – così scrive il filosofo – esaudì la sua preghiera". Quando al mattino giunse il chirurgo, il tumore era completamente scomparso, senza lasciare traccia.

Sempre sul piano individuale, un esempio di guarigione raggiunta con la preghiera ci viene ancora da Padre Pio. Era il 1959 e il frate era stato colpito da una grave forma di pleurite, con febbre altissima. Gli specialisti, chiamati al suo capezzale, sottoposero il paziente ad esami accurati e diagnosticarono un tumore che non lasciava alcuna speranza. Appresa la notizia, i confratelli supplicarono Padre Pio di chiedere al Signore la guarigione. Il 7 agosto fu accompagnato nel coro della Chiesa davanti alla piccola statua della Madonna di Fatima che in quel tempo era portata in pellegrinaggio per l'Italia. E fu allora che Padre Pio, torturato da atroci dolori, così si rivolse alla Vergine: "Tu sei venuta qui e mi hai trovato ammalato. Ora te ne vai a Catania e io sono ancora ammalato".

"In quello stesso momento – raccontò poi il frate – sentii una stretta ai reni così forte che pareva una morsa di ferro. Ma subito provai una sensazione di grande benessere, di leggerezza. Cercai di alzarmi e mi accorsi che muovevo le braccia e le gambe normalmente; e a piedi, solo, rifiutando l'aiuto degli altri, tornai alla mia cella".

Risultati ancora più sensazionali possono ottenersi in situazioni di *preghiera* collettiva, allorché le energie *mentali* dei singoli riescono a convogliarsi su un determinato soggetto il quale, trovandosi in particolari condizioni di ricettività *magnetica*, si trova ad avvalersi di un flusso *energetico* straordinario, capace di modificare in *positivo* uno stato patologico o di riattivare un meccanismo fisico o psichico inceppato. Sono i fenomeni di guarigione che si verificano nel corso di cerimonie religiose pilotate da esperti operatori, o durante taluni pellegrinaggi a celebri santuari, allorché l'officiante, armonizzando le emissioni *fluidiche* dei presenti, crea nella sua mente un'immagine di guarigione, per *proiettarla* con un potente sforzo di volontà in direzione dei devoti ammalati. Perché l'operazione abbia successo, restano essenziali una grande concentrazione mentale da parte dei fedeli e un forte impegno del celebrante nell'impiego a fini terapeutici del flusso di energia vitale così convogliata.

In questi ultimi anni dei buoni risultati si stanno registrando attraverso le preghiere collettive presso alcuni famosi santuari, tra i quali si distinguono, per numero di pellegrini e per frequenza di guarigioni, quello della Madonna di Medjugorie nell'ex-Iugoslavia e quello della Madonna dello Scoglio in Calabria. In Italia, alcuni anni fa, fenomeni di guarigione psichica sono stati ottenuti durante talune veglie di *preghiera* organizzate dal vescovo africano Milingo, il quale, avvalendosi molto probabilmente anche di pratiche magnetiche apprese nel suo paese di origine, si è servito del mezzo della preghiera per convogliare energia fluidica su obiettivi predeterminati, psicologicamente orientati ad entrare in sintonia con il flusso energetico sviluppato dai fedeli convenuti.

Per lo studioso di magnetismo, il fattore essenziale perché si produca il fenomeno della guarigione psichica resta comunque la predisposizione mentale del soggetto. Tanto il Pensiero quanto la Fede e la Preghiera non sortirebbero alcun risultato senza l'orientamento del soggetto verso l'idea della guarigione. Occorre – come sostengono con forza i Maestri – sostituire all'*idea* della malattia l'*idea* della guarigione; invece che vedersi tristi e malinconici o compiangersi per le proprie disgrazie, occorre vedersi sani, robusti, vigorosi, e soprattutto contenti e gioiosi di vivere. Il *pensiero*, la *fede*, la *preghiera* non sono che canali attraverso i quali, da una parte si esaltano e si potenziano le proprie risorse personali, dall'altra ci si *predispone* a ricevere l'*energia* che viene proiettata dai devoti presenti in occasione di cerimonie, di pellegrinaggi o di qualunque assembramento che si svolga a favore del prossimo sofferente e bisognoso di aiuto.

Ciò che per l'opinione pubblica corrente prende la denominazione di *miracolo*, per lo studioso di magnetismo non è che un fenomeno assolutamente naturale, prodotto, secondo un rigoroso rapporto di causa ed effetto, dall'azione congiunta di un impiego straordinario del proprio potenziale magnetico da parte del soggetto e di un travaso esogeno di forza vitale, felicemente puntato in direzione di un organismo energeticamente squilibrato o patologicamente inceppato nelle sue funzioni.

Capitolo VI

IL RUOLO MAGICO DEGLI AIUTATORI INVISIBILI

Per uno studioso attento di magnetismo umano non può sfuggire, tra gli interventi dell'astrale, l'opera meritoria svolta dai cosiddetti *aiutatori invisibili*, il cui intervento nelle vicende umane si traduce, in genere, in benefici immediati a favore dei destinatari, avvertendoli di un pericolo incombente, preservandoli da gravi incidenti di natura fisica, assistendoli in punto di morte per favorirne il passaggio sull'altra sponda. Mentre in Oriente è stata da sempre riconosciuta l'azione assistenziale degli aiutatori invisibili, in Occidente i non addetti ai lavori ne hanno notizia letteraria attraverso i poemi omerici, allorché si racconta dell'aiuto fornito a questo o a quell'eroe da talune divinità dell'Olimpo, attraverso la leggenda romana di Castore e Polluce che guidarono le legioni della giovane repubblica nella battaglia del lago Regillo, o attraverso le numerose storie di epoca medievale che narrano di santi che intervengono in aiuto delle armate cristiane capovolgendo le sorti del conflitto.

Quanto alla provenienza del soccorso, per la scienza dell'occulto esso deriva perlopiù da persone che hanno lasciato il piano fisico in tempo recente o relativamente recente, ancora in stretto contatto con il mondo dei viventi, o anche, seppure in misura molto limitata, da quei viventi che, grazie allo *sdoppiamento*, sono capaci di funzionare liberamente sul piano astrale. In parallelo, ma ci spostiamo notevolmente dall'ordinario, l'aiuto può provenire da altre specie di abitatori del piano astrale: gli *spiriti di natura* e i *deva*.

Nel suo libro Gli *aiutatori invisibili*, a tutt'oggi in piena diffusione editoriale, il grande occultista britannico Charles Leadbeater (1854-1934) cita un gran numero di esempi di intervento fisico da parte di entità astrali particolarmente altruiste e desiderose di arrecare aiuto a viventi in difficoltà o vittime di incidenti di varia natura. Il grande teosofo sostiene che un aiutatore invisibile, disponendo di una visione più ampia e più comprensiva, ha la capacità di percepire con un certo anticipo un pericolo incombente o un evento disastroso a carico di viventi, con la possibilità di suscitare per via mentale un avvertimento finalizzato ad evitare in tempo utile il danno minacciato. Per Leadbeater, vi sono circostanze in cui lo stesso aiutatore si materializza egli stesso per salvare una persona in pericolo, come ad esempio salvare un bambino che si trovi in un fabbricato in fiamme, preservare qualcuno che stia per cadere in un precipizio, riportare vicino a casa un fanciullo che si è smarrito nel bosco.

Nel suo libro, con dovizia di dettagli, il grande occultista racconta di un aiutatore che, avendo trovato un bambino caduto da un dirupo con un'arteria tagliata, si è materializzato per fargli un bendaggio e arrestare la perdita di sangue che poteva essergli fatale; nel frattempo un altro aiutatore comunicava l'idea dell'accaduto alla madre, conducendola sul luogo della disgrazia. E racconta anche di una signora che, trovandosi in grave pericolo durante una sommossa, fu improvvisamente strappata alla folla e si trovò sana e salva in una strada vicina completamente vuota. È convinzione di Leadbeater che, con tutta probabilità, il corpo della donna fu trasportato al di sopra delle case, mentre un velo di materia eterica la nascondeva alla vista delle persone presenti.

Egli tiene comunque a precisare che i casi di intervento fisico da parte di un aiutatore astrale sono piuttosto rari e che essi, in generale, sono resi possibili dall'esistenza di un legame karmico tra l'aiutatore e l'aiutato. In certe catastrofi in cui muore un gran numero di persone, è talvolta permesso a persone specifiche di essere salvate "miracolosamente". Ciò avviene perché il loro karma non è di morire in quel momento, non avendo esse alcun debito verso la *legge cosmica* che debba essere pagato con quella modalità. Casi di questo genere si verificano durante violenti terremoti, allorché vengono rase al suolo intere abitazioni, o durante un bombardamento a tappeto, ma anche in occasione di incidenti stradali di grandi proporzioni.

Così come sono rari gli interventi fisici degli aiutatori astrali, sono ugualmente eccezionali le situazioni in cui un maestro spirituale vivente dia assistenza fisica a un allievo che si trovi in pericolo. È ancora Leadbeater a raccontarci una sua esperienza personale. Egli stava camminando in una strada, quando improvvisamente sentì la voce del suo maestro indiano, in quel momento a settemila chilometri di distanza, che gli gridava all'orecchio di fermarsi e di non procedere oltre. Benché non percepisse alcun pericolo, Leadbeater obbedì subito, e proprio in quel momento cadeva davanti a lui un grosso comignolo di metallo massiccio.

Al di là degli interventi materiali, che la casistica specialistica ha registrato e registra in ogni dove, dal punto di vista occulto un vasto campo per il "lavoro" degli aiutatori invisibili è quello delle persone che muoiono e che, per la maggior parte, nei paesi occidentali, si trovano in uno stato di totale ignoranza sulle condizioni della *vita dopo la morte*, e sono per conseguenza atterrite dall'idea dell'*inferno* e della *dannazione eterna*, per via delle forme-pensiero inculcate dall'educazione familiare e dai catechisti religiosi. Una consistente fetta del lavoro degli aiutatori invisibili consiste propriamente nel confortare le persone che muoiono, e soprattutto nel liberarle dalla terribile e inutile paura del *Dopo*, di cui molte sono vittime; paura che non solo provoca sofferenza, ma ritarda notevolmente il progresso verso le sfere superiori; il soccorso astrale consente loro, almeno in una certa misura, di avere una conoscenza rassicurante in ordine al destino prossimo che le attende.

Il grande occultista statunitense Artur Powell (1882-1969), trattando dell'argomento nel suo libro *Il corpo astrale*, ritiene che alcuni individui appena morti sono pieni di rimorsi quando sul piano astrale si percepiscono così come realmente sono.

In questi casi l'aiutatore astrale spiega loro che l'unico pentimento utile consiste nel progettare di far meglio in avvenire e che ciascun uomo deve vedere se stesso quale effettivamente è, e nel lavorare con fermezza per progredire e condurre in futuro una vita più giusta. Accanto agli individui presi da pentimento ve ne sono altri turbati dal desiderio di riparare a certi falli commessi sulla terra, o di liberare la loro coscienza rivelando un segreto gelosamente custodito, come il nascondiglio di documenti importanti o di rilevanti somme di denaro. In taluni casi, il soccorso astrale può tradursi in un intervento specifico sul piano fisico con piena soddisfazione del soggetto appena sbarcato sull'altro piano; ma nella maggior parte delle situazioni ciò che di buono può fare l'aiutatore è quello di spiegare all'interessato come ormai sia troppo tardi per riparare e che è del tutto inutile persistere a tormentarsi, persuadendolo pertanto che la via migliore è quella di abbandonare i suoi pensieri terreni e di trarre il maggior profitto dalla sua nuova vita sull'altra sponda.

Quanto all'aiuto destinato ai viventi, un ruolo importante può essere quello di ispirare buoni pensieri a quanti sono pronti a riceverli, e questo aiuto perlopiù è di provenienza familiare. Sarebbe estremamente facile per un aiutatore dominare la mente dell'uomo ordinario e fargli pensare esattamente ciò che egli vuole, senza suscitare in lui il minimo sospetto di star subendo un'influenza esterna. Ma, sul piano astrale, tale procedimento non è praticabile; tutto ciò che è consentito di fare è proiettare il pensiero nella mente della persona tra i mille pensieri che l'attraversano, e augurarsi che essa lo raccolga e lo faccia suo, comportandosi di conseguenza. Attraverso l'influenza mentale, l'aiutatore può consolare in caso di lutto o di malattia, può suscitare riconciliazioni in situazioni di conflitto di opinione o di interessi, può suggerire la soluzione di qualche problema spirituale o metafisico, può fornire la propria assistenza nelle circostanze più diverse. Quanto agli *spiriti di natura*, essi appartengono ad una evoluzione completamente diversa dalla nostra; per la scienza occulta, essi non sono mai stati e non saranno mai membri di una umanità come la nostra. Il solo punto di contatto con gli individui umani è di occupare temporaneamente lo stesso pianeta. Secondo la Tradizione occulta ed esoterica, vi sono spiriti della terra, spiriti dell'acqua, spiriti dell'aria, spiriti dell'etere, e si tratta di entità astrali intelligenti che dimorano negli ambienti loro propri. Nella letteratura medievale gli spiriti della terra prendono il nome di gnomi, gli spiriti dell'acqua di *ondine,* gli spiriti dell'aria di *silfidi*, gli spiriti dell'etere di *salamandre*. Nel linguaggio popolare vengono individuati con nomi vari, come elfi, folletti, fate, satiri, fauni, e altro.

Le loro forme sono numerose e varie, ma generalmente assomigliano all'uomo, benché di minuscole dimensioni. Come quasi tutte le entità astrali, gli spiriti di natura sono capaci di assumere a volontà una forma qualunque, ma perlopiù mantengono delle forme preferite qualora non abbiano ragione di prenderne un'altra. In via ordinaria restano invisibili alla vista fisica, ma possiedono il potere di rendersi visibili attraverso la materializzazione allorché lo vogliano.

Per la scienza occulta, il vasto regno degli spiriti di natura si configura come regno astrale, ancorché una frazione importante appartenga ai piani eterici del mondo fisico. Esiste tra loro un gran numero di suddivisioni (o razze), con una diversità individuale per intelligenza e carattere alla stregua degli esseri umani. In genere evitano l'uomo, giacché detestano le sue emanazioni e respingono con fastidio le correnti astrali prodotte dai suoi desideri insaziabili e disordinati. Nonostante questa attitudine, non sono rare le situazioni in cui essi stringano amicizia con gli esseri umani, prodigandosi in aiuti concreti.

Benché abbiano una certa facilità a giocare dei tiri mancini agli individui umani grazie al potere d'incantare che essi possiedono, gli spiriti di natura sono impossibilitati a dominare la volontà umana, a meno che il soggetto preso di mira sia debole di spirito o abbia un'attività volitiva paralizzata dalla paura. Si ritiene che essi abbiano uno scarso senso di responsabilità e una volontà generalmente meno sviluppata di quella dell'uomo medio. Per conseguenza, possono essere facilmente dominati e utilizzati da maghi professionisti per le loro esibizioni da spettacolo.

Qualora si voglia conoscerli e guadagnarne l'amicizia, occorre essere esenti da quelle emanazioni fisiche che essi detestano, come quelle della carne, dell'alcol, del tabacco, e quelle legate al fattore sporcizia; occorre altresì esseri liberi da espressioni emotive come la collera, l'invidia, la gelosia, l'avarizia, la depressione. Bisogna pertanto essere attraversati da sentimenti elevati e puri, suscettibili di creare quell'atmosfera propizia in cui gli spiriti di natura amano tuffarsi. Sembra anche che essi prediligano la musica, tanto che può accadere che facciano irruzione nelle case per immergersi nelle onde sonore, vibrando e danzando in armonia con i ritmi musicali. Nessuno spirito di natura possiede una individualità permanente in grado di reincarnarsi. Vi è l'ipotesi che, nel loro processo evolutivo prima dell'individualizzazione, percorrano uno sviluppo d'intelligenza di livello superiore a quello dell'uomo. La durata della loro vita varia a seconda delle categorie a cui essi appartengono; alcuni non vivono a lungo, mentre altri protraggono la loro esistenza oltre quella dell'uomo medio. In genere, la loro vita scorre in modo semplice, nella gioia e nella spensieratezza, come quella in cui vivrebbe un gruppo di bambini felici in un ambiente fisicamente favorevole.

Gli spiriti di natura sono asessuati; non conoscono malattie né lotte competitive. Nutrono affetti veri e stabiliscono rapporti di amicizia profondi e duraturi. Talora sono colti dalla collera e dalla gelosia, ma sono sentimenti che scompaiono rapidamente di fronte al piacere che essi provano nell'esplicare la loro attività nelle operazioni di natura, che costituiscono il vero campo della loro vita attiva. I loro corpi non hanno organi interni, per cui non possono subire ferite, né li può toccare il caldo o il freddo. Uno dei loro più grandi piaceri è di giocare sul piano astrale coi fanciulli che hanno lasciato il piano fisico da poco tempo, cercando di divertirli in cento modi diversi. La categoria più elevata degli spiriti di natura è quella dei *silfi* (o spiriti dell'aria), per i quali il veicolo più basso è il corpo astrale.

In generale, gli spiriti di natura evitano le grandi città e tutte le località affollate, con la conseguenza che in questi luoghi essi non esercitano alcuna influenza. Prediligono le tranquille regioni campestri, i boschi, i prati e le alte montagne. Essi esultano nella luce e nello splendore del sole, ma danzano con ugual piacere al chiarore della luna; condividono la felicità dei fiori e delle piante allo scrosciare della pioggia, e si rallegrano e giocano felici tra i bianchi fiocchi della neve. Sono lieti di vagare oziosamente nella calma di un pomeriggio soleggiato, e si divertono come pazzi al soffiare impetuoso del vento. Tra gli spiriti di natura, ve ne sono di quelli che provano grande piacere ad immergersi nel fuoco, accorrendo da ogni parte là dove si consuma un incendio, e lanciandosi in alto tra le fiamme con pazza gioia; sono gli spiriti del fuoco, le salamandre della letteratura medievale.

Secondo taluni occultisti, può accadere che uno spirito di natura sia colto dal desiderio di sperimentare la vita umana, e a tal fine mette in atto forme mirate di ossessione nei confronti di una persona vivente sul piano fisico. A questo riguardo, la letteratura cita episodi accaduti in altre epoche, in cui certi spiriti di natura si materializzano ed entrano in rapporti indesiderabili con uomini e donne. Questi racconti probabilmente hanno generato le storie di fauni e di satiri, ma possono anche rimandare ad una evoluzione sub-umana diversa dalla nostra.

Tra gli spiriti di natura il tipo più noto agli individui umani è sicuramente quello delle *fate*, le quali vivono in via ordinaria sulla superficie della terra. Le loro forme sono molteplici e svariate, ma il più delle volte prossime a quella umana, anche se di dimensioni alquanto più piccole e spesso con dei lineamenti piuttosto bizzarri. La plasticità della materia eterica permette loro di modellare la propria forma a piacimento con la semplice forza del pensiero, anche se tendono per attitudine propria a conservare la

forma abituale. Ciò che distingue le tribù (o specie) di appartenenza, l'una dall'altra, è il colore, a somiglianza degli uccelli che si
distinguono tra di loro per il colore delle penne.

Trattando delle fate, Leadbeater sottolinea il dato occulto
che esse si suddividono in un gran numero di "razze", ciascuna
delle quali si caratterizza per il grado di intelligenza e per la particolare attitudine. Come accade per gli individui umani, anche
le diverse razze delle fate abitano paesi diversi e talora regioni diverse all'interno del paese di appartenenza. Le fate di qualunque
specie sono distribuite su tutta la terra, pressappoco negli stessi
termini in cui è distribuita la nostra specie. Alla stregua degli
uccelli, da cui alcune di esse sono pervenute, alcune varietà di
fate sono proprie di una determinata regione, restando assenti
in tutte le altre. In generale, si può dire che, come gli uccelli, le
fate dai colori più brillanti abitano i paesi tropicali.

Come tutti gli spiriti di natura, anche le fate fanno la loro
comparsa nel mondo nelle loro dimensioni normali, e vivono la
loro vita, breve o lunga, senza alcun bisogno di riposo e senza
alcun segno percettibile di vecchiaia col passare degli anni. E, comunque, anche per esse, giunge il tempo in cui la loro energia
sembra esaurirsi, in cui avvertono una certa stanchezza di vivere,
con il corpo che comincia a farsi più diafano; divengono allora
entità astrali, vivendo per qualche tempo sul piano astrale, fra gli
spiriti dell'aria, i quali rappresentano il loro successivo stadio di
sviluppo. Come si può rilevare, i fenomeni della nascita e della
morte sono molto più semplici per gli spiriti di natura che per
noi, e la morte si prefigura per essi esente da forme, ancorché
minime, di sofferenza, e da sensazioni dolorose. Tutta la loro
vita sembra svolgersi in maniera molto più semplice della nostra, una specie di esistenza gioconda e irresponsabile, paragonabile a quella di bambini felici in un ambiente fisico propizio al gioco e alle attività ricreative. Il loro percorso vitale non
conosce malattie né lotte competitive, restando totalmente al
riparo dalle più frequenti cause della sofferenza umana. Pur
tuttavia, gli spiriti di natura, fate comprese, nutrono profondi
sentimenti affettivi e sono capaci di stringere intimi e durevoli

vincoli di amicizia, dai quali attingono gioie intense e momenti di effettiva felicità. Le fate, che non sono creature angeliche dotate di quella perfezione che comporta il possesso del massimo di pazienza, si conducono in genere come bambini felici e con il massimo di apertura verso l'esterno. Tendenzialmente portate al divertimento, il passatempo che prediligono è di giocare dei tiri infantili agli individui umani, spesso maliziosi ma mai seriamente dannosi. Prendono gusto a ingannare o sviare una persona, a farle perdere la strada attraverso una palude, a farla camminare tutta la notte in circolo inducendola a credere di andare diritto, a darle l'illusione di palazzi e castelli in luoghi totalmente spogli di strutture abitative. Storie di questo tipo circolano in quasi tutti i paesi solitari di montagna, fra la gente smaliziata dei villaggi e delle campagne. Nei loro tiri a carico degli umani, le fate sono molto aiutate dalla straordinaria facoltà che esse possiedono di far cadere nell'allucinazione coloro che si abbandonano alla loro influenza. Infatti, non sono rari i casi in cui esse siano riuscite con le loro allucinazioni a trarre in inganno nello stesso intervallo di tempo un numero considerevole di persone. Il potere allucinatorio consiste sostanzialmente nel formare un'immagine mentale forte e chiara per proiettarla nella mente dei soggetti presi di mira. A detta dei Maestri, la mente delle fate non ha l'ampiezza né l'estensione di quella umana, ma è perfettamente attrezzata per creare immagini e imprimerle nella mente degli umani, essendo questo lavoro una delle loro principali occupazioni.

Da testimonianze di ipersensitivi emergono esperienze in cui delle fate abbiano offerto tutta l'assistenza di cui sono in grado, e in cui certi individui privilegiati siano stati ammessi a presenziare alle allegre feste delle fate e a prender parte per qualche tempo alla loro vita. Si sono dati dei casi in cui una fata si è affezionata a un bambino, mostrando grande simpatia per lui, specialmente se egli era dotato di fervida fantasia e di temperamento immaginifico, giacché le fate per vocazione si dilettano delle forme-pensiero di cui taluni fanciulli si circondano.

Rispetto agli spiriti di natura, è tutto un altro discorso

quello che riguarda quegli esseri che gli Indiani chiamano *deva*, ma che altri popoli denominano *angeli, figli di Dio* o con appellativi similari. Essi appartengono ad una evoluzione distinta da quella umana, occupando un livello che si può ritenere di grado immediatamente superiore a quello della nostra specie. Nella letteratura orientale la parola *deva* è anche adoperata per indicare ogni specie di entità non umana.

Per la scienza occulta, i deva sono esseri non umani, la cui esistenza si pone accanto e in parallelo agli spiriti di natura, benché si pongano ad un livello evolutivo di gran lunga superiore. Essi non saranno mai esseri umani, giacché la maggior parte di essi si trova già ad un livello superiore rispetto alla nostra specie, per quanto in passato taluni di loro siano già appartenuti al genere umano.

Sul piano connotativo, i corpi dei deva sono più fluidi di quelli umani, essendo la tessitura della loro aura molto più lenta rispetto a quella dell'individuo umano; ne deriva che i deva sono capaci di dilatarsi o di contrarsi in misura maggiore rispetto a noi, ed esibiscono una certa fierezza che li distingue dall'uomo ordinario. La forma presente nell'aura di un deva è molto meno definita rispetto a quella umana, ma quasi sempre è molto simile a quella umana. Sono rari i membri della nostra specie in grado di raggiungere un livello evolutivo comparabile a quello dei deva. La maggior parte dei deva, infatti, proviene da altre umanità diverse dalla nostra, perlopiù superiori alla nostra.

Per la gran parte degli occultisti, il deva interviene assai di rado negli eventi ordinari della nostra vita fisica. Egli è talmente occupato nel lavoro del proprio piano, che probabilmente è appena conscio del nostro; e, se occasionalmente dovesse accadere che egli intraveda negli individui umani qualche sofferenza o qualche grave difficoltà tali da risvegliare la sua pietà e da essere spinto a fornire il suo aiuto, allo stadio presente dell'evoluzione umana un suo intervento produrrebbe molto più male che bene.

Nel vasto panorama dei deva si registrano diverse gradazioni di natura evolutiva, all'interno delle quali assume un ruolo particolare la classe dei "Grandi Deva", abitatori di montagne sacre in lungo e in largo nel pianeta Terra. Essi costituiscono un potente regno di spiriti, e in realtà rappresentano il grado immediatamente superiore a quello occupato dalla nostra specie nell'attuale stato evolutivo. Proprio per via del loro grado evolutivo, i Grandi Deva non potranno mai assumere un corpo fisico denso, considerato che i loro involucri sono di materia *mentale*; tuttavia, a detta dei Maestri, la gran parte di essi proviene dal mondo umano (alla stregua dei semidei della mitologia greca). Ne consegue che, allorché gli uomini giungono al termine della loro evoluzione e divengono superuomini, dinnanzi al loro destino ulteriore si aprono diversi sentieri, e uno di questi consiste nell'entrare nella bellissima evoluzione dei deva.

A questo riguardo, ci sentiamo di esprimere la convinzione che, se dovessimo in qualche modo etichettare i semidei o gli stessi dèi dell'antica scienza teogonica, la ragione ci condurrebbe diritto verso la specie dei deva, e in particolare dei Grandi Deva. Per entrare in quest'ottica può bastare il dato incontrovertibile che ad ognuno degli dèi olimpici era attribuito uno specifico potere all'interno del mondo naturale, proprio come la Scienza occulta si muove oggi nella delineazione dei ruoli assegnati ai deva. Su questo punto, allorché scomodiamo i ricordi scolastici che più restano impressi nella nostra mente, il dio Nettuno re del mare o il dio Eolo re dei venti, o anche Cerere dea delle messi, che cosa erano o potevano essere nell'immaginario collettivo dei nostri progenitori culturali se non delle forze o, come si direbbe oggi, dei centri energetici, creati o messi in essere da una superiore intelligenza cosmica per garantire equilibrio e ordine razionale (nell'accezione stoica, ma anche hegeliana) al mondo del molteplice in continuo divenire?

A conclusione dell'insieme di notazioni sugli aiutatori invisibili, avvertiamo l'obbligo (evidentemente letterario) di porre in prima linea la possibilità a disposizione di ognuno di entrare in relazione in qualunque momento con le anime dei nostri cari, finché soggiornano nel piano astrale, per ottenerne assistenza e aiuto nelle situazioni di difficoltà, fisiche e psico-

logiche, che inevitabilmente attraversano il percorso acciden-
tato della nostra esistenza terrena, contrassegnata dal possesso
provvisorio del corpo fisico denso.

Capitolo VII

ASTRI E MAGIA BIANCA

Chiunque si accosti alla complessa tematica della magia, sia essa bianca o nera, prende atto che qualunque operazione magica, a garanzia della sua efficacia, deve essere eseguita nel momento più adatto; in effetti, come c'è un momento per ogni cosa, ve ne è anche uno propizio per operare magicamente, se si vuole avere la certezza che le correnti di forze che si intendono indirizzare possano avere libero corso, senza incontrare ostacoli generati da posizioni astrali non favorevoli. In altri termini bisogna fare i conti con gli astri, con l'influenza planetaria del nostro sistema solare; conti che si possono riassumere in tre punti: la fase lunare deve essere appropriata; il giorno della settimana deve avere la corretta energia; l'ora planetaria va scelta fra quelle più favorevoli.

Le regole più elementari di magia riferita alla Luna riguardano evidentemente le fasi lunari. Per favorire, ad esempio, le operazioni magiche afferenti la prosperità, il successo, il perseguimento di obiettivi verso l'alto, dovranno attendere la fase di luna crescente o di luna piena; viceversa, bisognerà astenersi da operazioni finalizzate all'accrescimento di qualcosa nella fase di luna calante o di luna nuova, essendo queste fasi favorevoli all'allontanamento energetico e alla decrescita.

In estrema sintesi, i tempi lunari si relazionano all'attività magica in quattro modi diversi: la luna crescente è la fase appropriata per le operazioni magiche finalizzate all'accrescimento, alla propiziazione, all'avvicinamento, alla protezione; la luna piena è il momento più favorevole per raccogliere risultati, per formulare desideri intensi, per rafforzare l'attività volitiva e il potere magnetico; la luna calante è la fase più opportuna per operazioni magiche volte al distacco, all'allontanamento, alla riduzione e alla dispersione delle negatività, alla restituzione di un torto subito; la luna nuova è ambivalente, giacché può costituire un momento propizio per pervenire alla conclusione di un percorso, come può rappresentare il momento giusto per rinascere, per intraprendere nuove iniziative, per organizzare nuove e diverse forme di progettualità esistenziali. Per la scienza occulta, la fase di luna nuova è quella più potente in assoluto, a condizione che chi opera magicamente sia ai gradi superiori nell'approccio alla sua energia, e soprattutto abbia le idee chiare sui propri intenti, su ciò che si prefigge di raggiungere.

Sul piano astrologico, i Maestri sottolineano che, oltre alle fasi, una grande influenza proviene dai segni zodiacali che la luna attraversa nell'arco delle lunazioni, e per conseguenza dal tipo di energia ascendente o discendente che ne deriva.

Quanto ai giorni planetari propizi alle operazioni magiche, le fonti più accreditate restano le tradizioni astrologiche caldee ed egizie, che nel corso dei secoli si sono affermate in tutta l'area del Mediterraneo, e che tutt'oggi riscuotono il massimo rispetto in tutto il mondo.

Nel nostro paese, al nostro tempo, nella suddivisione della settimana il primo giorno è considerato il lunedì, mentre nel mondo anglosassone il primo giorno è la domenica. Nel mondo antico, il giorno che dava inizio alla sequenza settimanale era il sabato, il giorno di Saturno, giacché si affidava l'inizio al pianeta più distante allora conosciuto.

Sul piano storico, fino a quando Saturno è rimasto al confine del sistema solare, la Luna e gli altri cinque pianeti hanno costituito la spiegazione di base (evidentemente, dal punto di vista astrologico) della totalità dell'esperienza umana in maniera completa e onnicomprensiva, con la presenza del "sette" negli ambiti più significativi della realtà fenomenologica di pertinenza dell'essere umano: le sette note della scala musicale, i sette colori dell'arcobaleno, le sette meraviglie del mondo, le "sette età dell'uomo" che scandiscono il processo di crescita evolutiva e di maturazione, i "sette saggi" della Grecia antica. Simbolicamente, il numero "sette" è stato ritenuto il numero della completezza, dell'armonia e dell'equilibrio, e per quattromila anni l'astrologia si è basata sull'idea del sette come numero di chiusura del cerchio nella variegata gamma del dispiegarsi della vita degli uomini e delle cose. Tra i sette pianeti, Saturno ha rappresentato l'autorità temporale ultima, l'ultimo anello invalicabile del sistema solare e del mondo della psiche.

Per quanto attiene alle influenze planetarie nel corso della settimana sulle attività magiche ne è derivata e ne deriva una scansione finemente dettagliata. Di *lunedì*, giorno della Luna, sono favoriti gli interventi relativi ai viaggi, ai cambiamenti, al potenziamento delle relazioni sentimentali, alle riconciliazioni. Ai piani alti, di lunedì sono favorite le comunicazioni a livello sottile e le percezioni a lungo raggio. Di *martedì*, giorno di Marte, sono favoriti tutti gli incanti "bellicosi", che hanno ad oggetto qualunque forma di conflitto e di competizione, sia in area privata che in area pubblica. Di *mercoledì*, giorno di Mercurio, sono propiziate tutte le operazioni magiche relative alla protezione e alla messa in sicurezza dei propri beni, all'incremento degli affari, alle attività artistiche e scientifiche; l'energia di Mercurio favorisce inoltre l'attività predittiva e divinatoria. Di *giovedì*, giorno di Giove, ricevono influsso benefico tutti gli interventi magici volti al conseguimento di gratificazioni morali, di riconoscimenti pubblici e di premi, ma anche alla conquista del benessere fisico e psichico e al rafforzamento di relazioni affettive o semplicemente amicali. Di *venerdì*, giorno di Venere, sono favoriti tutti gli incanti relativi all'area dell'amore e del piacere, ai rapporti di amicizia e di affinità elettive, al sereno svolgimento di viaggi e vacanze. Di *sabato*, giorno di Saturno, sono favorite tutte le operazioni magiche che hanno a che fare con espressioni fenomenologiche distruttive, poste in essere da decisioni inconsulte, dal sentimento gratuito di odio e di vendetta, dalla morte improvvisa, da disastri imprevedibili. A livello sottile, di sabato sono favorite le comunicazioni con il mondo astrale durante il sonno. Di *domenica*, giorno del Sole, sono favoriti gli interventi magici relativi al denaro, ai desideri ritenuti impossibili, alla nascita di amicizie importanti, ma anche operazioni finalizzate all'ottenimento di aiuto e di protezione o al contenimento di ostilità provenienti da avversari che si pongono di traverso per vanificare la realizzazione di obiettivi specifici.

Nel rapporto astri e magia, occupa un ruolo speciale il tema delle ore planetarie, la determinazione delle quali costituisce il sistema più antico con cui è divisa la giornata in "ore". Adottato da popolazioni diverse, come caldei, egizi, ebrei, greci, il sistema si è poi diffuso nell'area geografica dell'impero romano. Rispetto al normale sistema orario scandito dai nostri orologi, le ore planetarie si muovono secondo criteri diversi. Mentre, in via ordinaria, in una giornata noi abbiamo 24 ore tutte uguali di 60 minuti, sia di giorno che di notte, le ore planetarie sono scandite secondo intervalli di tempo di diversa durata a seconda del periodo di luce legato alla stagione. Ne derivano, infatti, due gruppi di 12 ore ciascuno: le ore del giorno, corrispondenti alle ore di luce solare, dall'alba al tramonto; e le ore della notte, dal tramonto all'alba. Questa suddivisione comporta che l'inizio e la durata di ogni ora planetaria sia diversa da un giorno all'altro, in quanto il calcolo si effettua in base al sorgere e al tramontare del sole, due momenti che variano sempre nell'arco dell'anno solare. Solitamente, solo agli equinozi le ore del giorno e della notte hanno la stessa durata. Da ciò consegue che d'inverno, allorché la durata delle ore di buio è maggiore delle ore di luce, si hanno ore più lunghe di notte e più corte di giorno; in estate, viceversa, si hanno ore più lunghe di giorno e più corte di notte. Per calcolare le ore planetarie, bisogna conoscere il preciso momento dell'alba (il sorgere del sole) e quello del tramonto (il calare del sole) nel luogo in cui ci troviamo in un dato giorno (è un elemento, questo, che qualunque calendario riporta). Una volta identificati questi due "inizi", si procede alla suddivisione del tempo tra loro compreso in dodici intervalli temporali (che sono le ore planetarie), operando in sessagesimali e ottenendo la durata dell'ora planetaria durante il periodo di luce (ore del giorno) e quella dell'ora planetaria tra il tramonto e l'alba (le ore della notte).

I Maestri sottolineano l'importanza delle ore planetarie, allorché si vuole che le operazioni magiche vengano effettuate, tenendo conto del favore o sfavore legato alla posizione degli astri, giacché, come ogni giorno della settimana è collegato ad un pianeta, allo stesso modo le ore che si susseguono nell'arco di una giornata sono ciascuna sotto l'influenza di uno specifico astro. Il principio che sta alla base del sistema delle ore planetarie è che la prima ora del giorno è governata dal pianeta che è operante durante il giorno della settimana preso in esame; la prima ora della domenica, ad esempio, è sotto l'influenza del Sole, la prima ora del lunedì sotto quella della Luna, e così via. L'ordine di successione delle ore planetarie è pertanto il seguente: 1. Saturno; 2. Giove; 3. Marte; 4. Sole; 5. Venere; 6. Mercurio; 7. Luna. Ne deriva che la domenica, dopo la prima ora del Sole, verrà quella di Venere, per seguire con quella di Mercurio, e così via secondo la rotazione, fino ad arrivare alla prima ora del giorno successivo (sempre collegata al pianeta del giorno).

Entrando nel dettaglio, e volendo fare qualche esempio specifico, le ore diurne della domenica vedono in successione il Sole, Venere, Mercurio, Luna, Saturno, Giove, Marte, Sole, Venere, Mercurio, Luna, Saturno; quelle del lunedì, iniziando con la Luna (1^ ora), hanno in sequenza Saturno (2^ ora), Giove (3^ ora), Marte (4^ ora), Sole (5^ ora), Venere (6^ ora), Mercurio (7^ ora), Luna (8^ ora), Saturno (9^ ora), Giove (10^ ora), Marte (11^ ora), Sole (12^ ora). Sempre per la domenica, le ore notturne registrano come rotazione Giove alla 1^ ora, Marte alla 2^,

Sole alla 3^, Venere alla 4^, Mercurio alla 5^, Luna alla 6^, Saturno alla 7^, Giove alla 8^, Marte alla 9^, Sole alla 10^, Venere alla 11^, Mercurio alla 12^. E il lunedì, dal tramonto all'alba, è attraversato in successione da Venere alla 1^ ora, da Mercurio alla 2^, dalla Luna alla 3^, da Saturno alla 4^, da Giove alla 5^, da Marte alla 6^, dal Sole alla 7^, da Venere alla 8^, da Mercurio alla 9^, dalla Luna alla 10^, da Saturno alla 11^, da Giove alla 12^.

Tutto questo discorso sulle ore planetarie, evidentemente, trova la sua ragione qualora vogliamo avvalerci, per le nostre operazioni magiche, dell'energia dispiegata dagli astri sul nostro pianeta, sapendo di ognuno di essi il favore che può provenirne in ordine agli obiettivi che ci prefiggiamo di raggiungere. E allora vediamo che cosa conosciamo degli influssi dell'energia planetaria sugli interventi messi in essere dal Mago Bianco.

Saturno favorisce le attività della riflessione, dell'introspezione, della progettazione, e per conseguenza le ore di Saturno sono quelle più adatte allo studio, alla ricerca, all'impegno intellettivo; sul piano della magia pratica, sono favorite le invocazioni e tutte le operazioni volte a fermare i malefici e i sortilegi nefasti. L'energia di Saturno non è invece propizia alle relazioni negoziali, alle attività finanziarie, alle transazioni commerciali.

Giove è in generale propizio al successo nel campo dell'imprenditoria e degli affari finanziari. Durante le ore di Giove sono favorite tutte le operazioni magiche finalizzate alla prosperità e alla ricchezza, sia materiale che spirituale, ma anche tutte le azioni volte ad ottenere appoggi e sostegni da parte di coloro che dispongono di potere e di denaro. Giove è inoltre favorevole alla soluzione positiva di vertenze giudiziarie, e per tutte le iniziative promosse a far valere i propri diritti.

Quanto a Marte, è il pianeta che governa qualunque forma di opposizione e di conflitto; per questo, si sconsiglia di intraprendere nell'ora di Marte attività che non siano in sintonia con la qualità magnetica di questo pianeta. Le attività in sintonia con Marte sono, in via ordinaria, tutte le attività sportive e qualunque attività competitiva, sia di natura materiale che intellettuale.

Data la connotazione "bellicosa" delle ore di Marte, il loro favore è operante sia quando ci si vuole difendere, sia quando si vuole attaccare. E, comunque, è bene, durante le ore di Marte, evitare discussioni, non frequentare luoghi pericolosi, non iniziare amicizie o relazioni.

Il Sole, per sua essenza, è in rapporto con tutto ciò che "è alla luce", con ciò che è "scoperto": gli affari pubblici, le relazioni sociali, i rapporti di amicizia. Le ore del Sole, pertanto, sono favorevoli per tutte le operazioni che hanno a che vedere con gli affari pubblici, con il potere, con l'affermazione in campo artistico. Durante le ore del Sole sono propiziati gli interventi di guarigione e qualunque avvio di tipo relazionale o semplicemente amicale.

Il pianeta Venere, per definizione, è collegato all'amore e all'affettività, ma anche alla bellezza e all'estetica in generale. Le ore di Venere, pertanto, sono favorevoli ad ogni operazione magica avente ad oggetto l'amore, gli affetti, le attività artistiche, le espressioni estetiche.

Mercurio è il pianeta della comunicazione, del cambiamento, del movimento. Le ore di Mercurio sono perciò favorevoli a tutte le operazioni volte a propiziare relazioni, scambi di vario genere, rapporti commerciali, transazioni, intese progettuali. In campo propriamente occulto, l'energia di Mercurio favorisce la costruzione di talismani e oggetti magici, ma anche l'ispirazione, la capacità di concentrazione, il potere di divinazione.

La Luna, per sua specificità, è in relazione con tutto ciò che è mutevole; le sue ore sono collegate all'interiorità e alla femminilità, e per questo sono propizie a tutte le operazioni magiche finalizzate alla fertilità e alla maternità, ma anche alla produzione di cambiamenti e di trasformazioni, soprattutto in campo terapeutico, tanto in area fisica quanto in area psichica.

POSTFAZIONE

Giunto al termine di questo lavoro, che racchiude nella sua sostanza decenni di studio e di ricerca nel campo sterminato del magnetismo umano, posso ritenermi abbastanza soddisfatto per averlo portato a compimento in conformità alla linea indicata nella prefazione. Proprio per questa ragione, avverto l'esigenza di esprimere talune considerazioni sul tema generale della magia, in particolare della magia bianca, nella conferma del presupposto che la magia "bianca" è essenzialmente "magia naturale".

Sul piano letterario, ritengo opportuno citare tre definizioni di magia in qualche misura convergenti. Israel Regardie afferma che "la magia è l'arte di applicare cause naturali per produrre effetti naturali sorprendenti"; per Aleister Crowley "lo scopo generale della magia è influenzare il mondo dietro le apparenze per poter trasformare le apparenze stesse; Robert Canters, nella sua prefazione a "Storia della magia", scrive che "per mezzo della magia le cose cessano di essere ciò che sono per divenire ciò che noi desideriamo che siano". Tutte e tre le definizioni portano a configurare il cosiddetto "mago" come colui che riesce a modificare la realtà che gli sta intorno, facendo prendere agli avvenimenti la piega che egli vuole. Ne deriva che è magia cercare di attrarre a sé la persona amata, cercare di favorire risultati positivi in campo economico, guarire una persona ammalata o liberare da una cattiva inclinazione un soggetto patologicamente deviato. Un punto fermo è che la magia, filosoficamente intesa come "scienza della natura", deve procedere in accordo con la natura, e che il "mago" riesce a provocare un cambiamento nella realtà, solo se la sua volontà è in profondo accordo con l'essenza stessa delle cose che si prefigge di cambiare; e cioè, che il mago, per operare, deve essere anche un profondo conoscitore del mondo naturale, dei suoi ritmi, dei suoi segreti.

Stante la finalità primaria della magia di modificare la realtà, si può anche assegnare alla magia la connotazione di "scienza della volontà". Al riguardo, è ancora Regardie a ricordarci che ciò che conta in magia sono il pensiero e la volontà, e che gli attrezzi del mago sono solo un rafforzamento della capacità volitiva. A chiare lettere, così egli scrive: "Tutti i riti, gli interminabili dettagli cerimoniali, le circumambulazioni, gli incantesimi e le suffumicazioni vengono attuati deliberatamente per esaltare l'immaginazione e rafforzare la forza di volontà". Ed è quanto Eliphas Levi, maestro di magia per eccellenza, intende sottolineare quando dice: "Se vuoi regnare su te stesso e sugli altri, impara a volere".

In estrema sintesi, il quadro teorico della magia, in quanto arte di influenza magnetica, può riassumersi in quattro punti:

la magia è l'arte di modificare la realtà attorno a noi; il mago deve essere un profondo conoscitore di se stesso; il mago deve essere un attento conoscitore della natura e delle sue leggi; il segreto della magia risiede nella forza di volontà. Su questa base, il concetto di magia si può estendere a campi diversi, come la psicologia e la sociologia, ma anche ad alcune espressioni della fenomenologia religiosa, specialmente di area orientale. Può infatti definirsi magia la recitazione di un mantra buddista, finalizzata a provocare salutari trasformazioni di natura interna ed esterna. Può farsi ugualmente rientrare nella vasta area della magia l'attività meditativa, la quale, se praticata secondo tecniche ben precise volte a realizzare modificazioni mentali di livello alto, è in grado di suscitare rapporti edificanti con i piani sottili della realtà. La stessa psicanalisi, nelle sue operazioni terapeutiche indirizzate ad una trasformazione interna del soggetto, al fine di migliorarne il rapporto con gli eventi del mondo esterno e renderlo più felice, non fa altro che magia, anche se in senso figurato. Se ci spostiamo alla sfera religiosa, anche l'invocazione dell'aiuto divino o le devote raccomandazioni rivolte ai santi e alla Madonna possono configurarsi, anch'esse, come retaggi di operazioni magiche, messe in atto, ancora al nostro tempo, per propiziare guarigioni o eventi straordinari, evidentemente salutati come "miracoli".

Da tutto ciò emerge la considerazione ovvia che il grande segreto della magia si identifica con l'utilizzo consapevole della nostra attività volitiva, e che tutto ciò che si verifica, ordinario o straordinario che sia, nella nostra esperienza di vita, è attivato dal pensiero, dalla forza radiante dell'energia mentale. Potere è volere, dice un vecchio adagio, che ritengo debba essere integrato dalla opportuna espressione "a condizione di sapere"; ciò significa che occorre saper pensare e saper volere, e, nella generalità dei casi, per sapere bisogna imparare. In questa direzione, la regola madre è che occorre abituare la nostra mente a concentrarsi su un unico atto, a fissare il pensiero solo su ciò che si fa. Una lezione a questo riguardo ce la offre la teosofa Annie Besant, allorché scrive con la massima chiarezza: "...Ci occorre soltanto di fare sempre una cosa alla volta, fino a che il nostro cervello non obbedirà docilmente alla nostra volontà; ci basta svolgere ciascuna delle nostre incombenze con tutta la forza della nostra intelligenza concentrata su un sol punto. [....] Per quanto banale possa apparire ai vostri occhi, qualunque attività in cui siete occupati può essere assunta come occasione per esercitare il vostro pensiero... Ricordatevi che, una volta acquisite, voi potrete applicare le vostre capacità come e quando crederete opportuno. Non appena avrete in mano il vostro pensiero, potrete orientarlo a piacimento e scegliere liberamente l'oggetto sul quale concentrare le sue vibrazioni".

Ne consegue che, modificando i nostri pensieri, può cambiare la nostra esperienza di vita. Questa verità, quasi lapalissiana, è una conquista psicologica degli ultimi tempi, grazie alla libera divulgazione di libri edificanti, fino a poco tempo fa considerati appannaggio di circoli esoterici e di conventicole occulte. Ma proclamare la libertà di pensiero e l'utilizzo mirato della propria volontà viene a cozzare con la tendenza del sistema a creare, anche attraverso l'influenza subliminale della sofisticata tecnologia elettronica, forme-pensiero sempre più omologate, e a suscitare processi anestetizzanti anche nelle menti più dinamiche. Uno studioso attento, se libero da preconcetti e da condizionamenti esterni (specialmente di natura religiosa), non può non registrare che la nostra società cerca di distruggere sistematicamente la volontà dell'individuo, impedendogli di pensare, riflettere, discernere. Tutto il sistema in cui l'uomo occidentale vive è un complesso apparato volto a impedire lo sviluppo delle facoltà latenti e a mortificare l'esercizio di quelle palesi, servendosi, consciamente o inconsciamente, di una serie di mezzi. Innanzitutto imponendo ritmi di lavoro che non permettono alla persona nessun tempo minimo per portare avanti la propria evoluzione attraverso il confronto o la semplice lettura; in secondo luogo, estromettendo dalle offerte comunicative di massa (radio, televisione, internet, stampa...), salvo eccezioni, tutto ciò che ha a che fare con i bisogni interiori e con la spinta ad acquisire spazi di autonomia psichica e mentale. L'effetto che se ne produce trova espressione nell'annichilimento della volontà, nella moltiplicazione di individui che non conoscono il senso della vita, che scorrono da una depressione all'altra, che hanno paura di tutto (dalla paura dell'abbandono affettivo alla paura di non valere, dalla paura del proprio datore di lavoro, a cui si sottomettono da schiavi per timore di perdere il lavoro, alla paura di perdere i propri soldi, la propria casa, la propria auto, le vacanze al mare o in montagna...), che vivono in uno stato permanente di smarrimento obnubilato, nell'illusione anestetizzante di comunicare, attraverso i social, con il mondo intero e con migliaia di "amici".

Ed ecco il fine di questo lavoro che, nel suo minimo sindacale, si propone di allargare gli orizzonti della sfera mentale, fornendo al lettore strumenti di conoscenza e di riflessione, per perseguire quella necessaria serenità mentale e psicologica, fatta di sana "autarchia", condizione necessaria per raggiungere l'autosufficienza nel potere di scelta, la libertà dal pregiudizio e dal condizionamento culturale, la possibilità di conseguire la consapevolezza di sé e, ad un piano alto, il diritto ad essere felici.

BREVI INDICAZIONI BIBLIOGRAFICHE

G. Maillard, *Les merveilles de l'autosuggestion*, Editions Olivens, Parigi 1924.

Pierre Vachet, *La pensée qui guérit*, Bernard Grasset Editeur, Parigi 1926.

Artur E. Powell, *Il corpo astrale e relativi fenomeni*, Edizioni Alaya, Milano 1950.

Schemahni, *L'influence personnelle*, P. Brenet Editeur, Parigi 1952.

Constant Kerneiz, *Hatha-Yoga*, Edizioni Casini, Firenze 1964.

C. W. Leadbeater, *Il pensiero che guarisce e la telepatia*, Editrice Libraria Sirio, Trieste 1965.

Hector Durville, *Magnétisme personnel ou psichique*, Perthuis Editeur, Parigi 1967.

Giuseppe Gangi, *La potenza magnetica*, Hermes Edizioni, Roma 1980.

Gilbert Créola, *Le magnétisme à la portée de tous*, Editions Alain Lefeuvre, Nizza 1981.

A. Zanatta, *Diventa con me pranoterapeuta*, Musumeci Editore, Aosta 1983.

Fernando Rinaldi-Barbara Frey, *Il libro della magia bianca*, Hermes Edizioni, Roma 1988.

Giuseppe Gangi, *Il magnetismo curativo*, Edizioni Mediterranee, Roma 1994.

Giuseppe Gangi, *Influenza a distanza*, Edizioni Mediterranee, Roma 1999.

Meo Fiorot, *Energia mentale*, Giunti Editore, Firenze 2001.

C. W. Leadbeater, *Il lato nascosto delle cose*, Alaya, Milano 2005.
Giuseppe Gangi, *I poteri del magnetismo personale*, Edizioni Mediterranee, Roma 2006.

Salvatore Brizzi, *La porta del mago*, Anima Edizioni, Milano 2009.

Giuseppe Gangi, *Il pranoterapeuta*, Edizioni Clandestine, 2010. Giuseppe Gangi, *Fabbisogno energetico e stile alimentare*, Edizioni Clandestine, Massa 2011.

Giuseppe Gangi, *Il magnetismo personale*, Edizioni Mediterranee, Roma 2012.

Doreen Valiente, *Magia naturale*, Brigantia Editrice, Carini 2014.

William Walker Atkinson, *L'energia mentale Il segreto della magia*, Venexia Edizioni, Roma 2016.

Giuseppe Gangi, *Il sofoterapeuta 3 – Aforismi di saggezza per bastare a se stessi ed essere felici*, Edizioni Clandestine, Massa 2016.

Giuseppe Gangi, *Notazioni di esoterismo occidentale dall'antichità ai giorni nostri*, Edizioni Clandestine, Massa 2017.

INDICE

*Usa il QR code
e scopri gli altri titoli della stessa collana*